国网甘肃省电力公司

智能电网及其安全工程技术分析

主　编：程　健　王艳秋　张随平
副主编：常　玮　陈亚琼　杨　勇

U0157973

辽宁科学技术出版社
·沈阳·

图书在版编目（CIP）数据

智能电网及其安全工程技术分析 / 程健，王艳秋，
张随平主编 . — 沈阳 : 辽宁科学技术出版社 , 2023.2
ISBN 978-7-5591-2915-4

Ⅰ.①智… Ⅱ.①程… ②王… ③张… Ⅲ.①智能控
制 – 电网 – 电力安全 Ⅳ.① TM76

中国国家版本馆 CIP 数据核字 (2023) 第 032427 号

出版发行：辽宁科学技术出版社
　　　　　（地址：沈阳市和平区十一纬路 25 号　邮编：110003）
印 刷 者：三河市华晨印务有限公司
经 销 者：各地新华书店
幅面尺寸：170 mm × 240 mm
印　　张：6.5
字　　数：105 千字
出版时间：2023 年 2 月第 1 版
印刷时间：2023 年 2 月第 1 次印刷
责任编辑：凌　敏
封面设计：优盛文化
版式设计：优盛文化
责任校对：卢山秀　刘　庶

书　　号：ISBN 978-7-5591-2915-4
定　　价：58.00 元

联系电话：024-23284363
邮购热线：024-23284502
E-mail：lingmin19@163.com

前　言

随着工业的飞速发展，电力应用的范围越来越广。在电气以及电力工作人员的不懈奋斗下，不论是发电、输电技术，还是配电技术都逐渐走向成熟，电力网络也成为人们社会生活，以及生产中必不可少的关键性基础设施。

但是，在现代社会，电网正面临着巨大的挑战，例如可靠性不高、可再生能源支持少、能源浪费等。因此，非常有必要建设更加智能化的电力网络。

在网络空间中，智能电网非常重要。将智能化和信息通信技术紧密相连，并进行有机融合，能够建设更加经济、可靠并且环保的电力网络。随着网络技术的发展，攻击网络空间的人，不再是单一的黑客，而是越来越多的专业组织。例如，"火焰"病毒等新兴网络空间的攻击力量渐渐成为主流。网络空间的安全问题已经是智能电网面临的重要挑战。由于电力公司的信息安全防御思想依旧处在边界防护的阶段，因此，电力信息安全的管理，以及实践一定要采用全新的指导思想，构建新型智能电网信息安全体系。

开展这方面的工作需要源源不断地引进专业人才，他们应同时具备电力，以及信息安全方面的知识。因此，全面阐述智能电网及其安全技术的书籍很受这些专业人才的欢迎。本书对智能电网环境下各个实体进行了分析，论述了各个实体在机密性、完整性等方面存在的问题，可很好地满足相关人才的学习需求。

通过本书，读者可以深刻地认识到部署智能电网时应注意的安全问题，从而有效地避免这些问题的发生。本书易于理解，写作风格严谨。

　　本书对应用开发者、系统工程师、智能电网审查人员等具有一定的价值，可使系统集成人员准确地认识到电网的优势、劣势，及时保障现在，以及未来的电网安全。

　　由于时间紧迫，作者水平有限，书中难免存在不足之处，恳请广大读者批评指正。

目　录

第一章　智能电网概述

　　在这个飞速发展的时代，智能电网广泛应用于发电、输电，以及配电当中，处于十分重要的位置，被认为是在环境、经济，以及国家安全上都能带来革命的技术。

　　本章简单介绍了电网的定义、功能和发展历程，详细阐述了智能电网的概念、特点、组成智能电网的基础设施、关键技术、高级测量体系等，并在此基础上探讨智能电网建设的必要性。

第一节　电网简介

一、电网的定义

　　电网是由发电、输电、配电等环节组成的电能生产、传输、分配和消费的系统。

二、电网的功能

　　电网的功能主要有以下 3 种：

（一）发电

　　送电的第一步是发电，通常情况下，在以下站点进行发电：

（1）发电站。

（2）核电站。

（3）热电站。

（4）水电站。

（5）地热电站。

（二）输电

送电的第二步是输电，输电包括电力从发电站到电力公司配电系统的转移过程。输电使用的电力基础设施必须能够承担 110 kV 以上的高压。

（三）配电

送电的最后一步是配电，主要是把电力送至用户。至此，电网的所有功能便完成了。配电使用的电力基础设施的电压不再是高压，以下两种电压即可完成：

（1）中等电压（< 50 kV）。

（2）低压（< 1 kV）。

三、电网的拓扑结构

一个电网可被简单地看作一个网络。电网可以是一个具备发电、输电，以及配电功能的完整基础设施，也可以是较大基础设施的一个子集。

通常来说，电网的拓扑结构主要分为以下几种：

（一）辐射型电网

在辐射型电网中，子站电力的配电模式犹如一棵长着很多枝叶的大树。每当电流在电线中传输时，电流将持续衰减，直到抵达最终目的地，如图 1-1 所示。

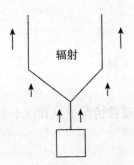

图 1-1　辐射型电网

第二个子站与第一个子站的环境相同，在不影响第一个子站的基础上，可以将第二个子站接入网络以提供有限的冗余。

（二）网状电网

网状电网比辐射型电网更具可靠性。因为在网状电网中，电力可能来自其他的分支和叶；而在辐射型电网中，全部的叶，以及分支的电力都来自同一个节点。网状电网如图1-2所示。

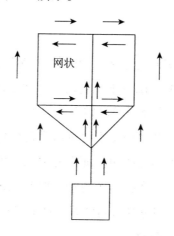

图1-2　网状电网

（三）环状拓扑电网

在实际应用中，最常使用的拓扑结构是环状拓扑，即将辐射型电网和网状电网相结合的电网结构，如图1-3所示。

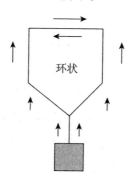

图1-3　环状拓扑电网

环状拓扑电网与辐射型电网非常相似，但是它的叶，以及每一个分支都有两条不同的来自子站的通路。环状拓扑电网不易受到单个节点故障的影响，但是辐射型电网较易受其影响，说明环状拓扑电网相比于辐射型电网更具可靠性。

环状拓扑电网最终的目的是防止任何地方的一次中断所带来的影响。环状拓扑电网和网状电网一样，成本都高于辐射型电网，因为环的每一个端都必须满足电压，以及电力衰减的要求。

四、自动抄表系统

自动抄表系统最早是由尼古拉·特斯拉（Nikola Tesla）设计的。早在1977年，自动抄表系统的基础设施就引入了自动化技术，将有线和无线网络多项技术进行整合，使电力公司可以实现远程抄表。

实现远程抄表之后，电力公司不仅可以实时读取电表上的数据，还可以给用户提供更准确的电力消耗账单。而在此之前，电力公司提供给用户的账单是估计的，十分不准确。在拥有了更加实时与完善的信息之后，电力公司就能控制发电量，使其在用电高峰与低谷，都能接近实际的用电量。

（一）自动抄表系统的技术

在实际生活中，人们使用了多项新的技术，以支持自动抄表系统基础设施的进步。

电力公司员工使用电脑，以及手持设备采集数据，可以提高效率，部署无线，以及有线网络传输数据，实现远程抄表。

1. 手持设备

为了提高抄表效率，电力公司员工使用手持设备来实现智能抄表，包括以下两种抄表设备：

（1）探头触碰技术。电力公司员工通过探头触碰仪表，从而实现抄表。探头可以存储仪表的数据，用于之后的检索，以及处理。

（2）无线接收器。在手持设备上插入一个无线接收器，并通过无线接收器获得仪表传输的读数，再存储数据，用于之后的检索，以及处理。

2. 无线网络

电力公司使用无线网络技术传输读表数据，比较成熟且大量使用的无线网络技术有如下几种：

（1）WiFi。

（2）蓝牙。

（3）无线射频。

（4）蜂窝移动通信技术。

自动抄表系统设备使用最多的是无线射频技术，其中包含以下几种技术：

（1）窄带。

（2）直接序列扩频（Direct Sequence Spread Spectrum，DSSS）。

（3）跳频扩频技术（Frequency Hoping Spread Spectrum，FHSS）。

（4）蜂舞协议（ZigBee）。

（5）Wavenis 协议（法国 Coronis Systems 公司开发的无线技术）。

3. 便携式计算机

电力公司员工使用传统的便携式计算机读表。便携式计算机可以像手持设备一样安装在电车工具中，实现无线读表，不需要直接物理访问每个仪表。

一般情况下，这些设备的部署需要结合以下多种科技：

（1）无线技术。

（2）软件。

（3）天线、GPS 等必备硬件。

4. 电力线载波通信

电力线载波通信是以输电线路为载波信号的传输媒介，是可以远程读取电表数据的电力系统通信，是实现数据传递和信息交换的手段。输电线路具有十分牢固的支撑结构，同时架设 3 条以上导体，十分有利于载波信号的传送，且经济可靠。因此，电力线载波通信成为世界上所有电力部门优先采用的通信手段。

在电力线载波通信过程中，信号频带峰的峰值电压一般不会超过 10 V，不会对电力线路造成不良影响。信息交换过程如下：仪表数据通过现存的电力线路基础设施传输到本地子站，再从本地子站传输到电力公司进行处理和分析。

需要注意的是，在同一电网可用的频谱范围内，仅能开通有限的通道且不能重复使用，否则将会产生严重的串音干扰，影响数据传递和信息交换。因此，一般电力线载波设备均采用单路单边带体制。如果想要开通更多通道，就需要加装电网高频分割滤波器。

5. 混合模型

一些自动抄表系统采用一种技术部署各个部分，还有一些自动抄表系统采用融合了多种技术的混合模型部署各个部分。例如，数据传输主要基于电力线载波通信。当电力线载波通信无法使用时，电力公司可用无线射频代替电力线载波通信进行数据传输。

（二）自动抄表系统的网络拓扑结构

电力公司利用一种或者多种前面提到的技术，创建了一种能够获取仪表信息的网络。该网络可以采用以下几种拓扑结构：

1. 星形网络

星形网络用于将仪表数据传输到一个中心点，这个中心点可以是一个中继器，它将数据继续送往电力公司，或者将数据存储起来。

一个星形网络拓扑可以使用以下技术：

（1）无线技术。

（2）电力线载波通信。

（3）以上两者的结合。

2. 网状网络

网状网络不仅要在仪表自身传输数据，还要用于接收数据。网状结构中的中继器和星形网络中的中继器相同，并且数据最终会被送往数据存储设备或者电力公司。

五、电网的发展历程

随着科学技术的不断进步和电网的发展，电网的功能日益完善和丰富，从单一的输电功能逐渐发展为多项功能，取得一系列成就；电网由单条线路逐渐形成网状结构；电网的范围逐渐扩大；电网的网架逐渐加强；电网的电压等级逐渐提高。

经过多年的发展和完善，电网的建设日渐成熟，其发展历程可以分为以下3个阶段，如图1-4所示。

（一）电网萌芽阶段

在电力工业发展的最初阶段，由于科学技术和设备工业的限制，其供电过程并不完善：小型发电机单独建设在电力消费中心，通过直流发电机电压的若干直配线为用户直接送电，是发电和配电的简单组合。

在这一阶段，发电厂大多建立在负荷中心或城市中心，而电网作为发电厂向用户供电的配套设施，主要负责将电力由发电厂向用户输送，起到载体的作用，在电力工业中处于从属地位。同时，在萌芽阶段，电网的用电可靠性较差，其保障系统安全运行的功能尚未完全发挥出来，而更多地依赖发电厂为用户安全、可靠、稳定地供电。

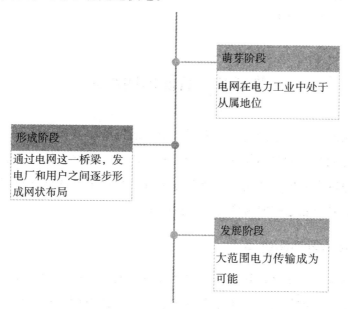

萌芽阶段
电网在电力工业中处于从属地位

形成阶段
通过电网这一桥梁，发电厂和用户之间逐步形成网状布局

发展阶段
大范围电力传输成为可能

图 1-4　电网的发展历程

（二）电网形成阶段

随着科学技术的不断进步和电力工业的发展，电网的建设亦不断取得新进展。在发电厂规模和布局逐渐合理的同时，在特定的区域之中，通过电网这一桥梁，发电厂和用户之间逐步形成网状布局。

在这一阶段，电网作为电力传输物理载体的功能得到强化和发展，同时发挥出保障系统安全运行的作用，并逐步体现出优化电力资源配置、引导电力能源生产、引导消费布局的功能。

（三）电网发展阶段

由于高压电网的发展为电力公司带来了新的机遇和发展方向，人们逐渐意识到高压电网在远距离输电中的巨大优势。

在这一阶段，电网的发展和先进技术的应用使得大范围电力传输成为可能，用户和电力公司之间的联系更加科学合理，主要体现在以下方面：

（1）发电厂不必建立在负荷中心或城市中心，使得水力、火力等各类电源的建设成为可能，同时电网对电源布局的影响逐渐加大，体现出资源优化配置的功能。

（2）网络的发展使得大范围联网成为可能，因此电网保障电力系统安全运行的功能也更加突出。

第二节　智能电网简介

随着我国经济社会的进一步发展，电网的供电压力日渐增大，传统的电网已经无法满足人们日益增长的电力需求。因此，建立系统、全面的智能电网是中国电网发展的必然趋势，本节主要介绍智能电网的概念和特点，并在此基础上，对智能电网的组成进行剖析和阐述。

一、智能电网的概念

为保证电力系统在国民经济建设中发挥出其应有的作用，提高我国电力系统的效率，更加稳定、智能地为人们供电，智能电网应运而生。然而智能电网的定义尚未达成统一。

美国认为，智能电网将数字技术、分布式技术等应用到发电系统和存储电力系统中，可以有效提高电力系统的安全性、可靠性和效率性。

欧洲认为，智能电网是智能集成所有电力生产者和用户行为的网络，可以保证电力供应的安全性、经济性和可持续性。

日本认为，智能电网包括从发电到将电力输送到用户的整个电网系统，它有利于用户使用可再生能源、本地热能，可以提高能源自给率、减少二氧化碳的排放、保证稳定可靠的电力供应。

在我国，智能电网是具有信息化、数字化、自动化、互动化特征的智能化电网，其以特高压电网为骨干网架，各级电网为基础；以先进的通信、信息，以及控制技术为核心；集能源资源开发、输送技术于一身。其目的是提高电力资源的利用率。我国智能电网建设的主要目标如下：

（1）协调各级电网。

（2）优化电力资源配置。

（3）最大限度地提高电力资源的利用率。

二、智能电网的特点

与传统电网相比，智能电网具备可靠性、自愈性、兼容性、高效性、交互性等特点，不仅可以提供高效可靠的电力保障，还可以优化电力资源配置，满足用户的多元化需求，具有十分重要的作用，传统电网与智能电网的特点比较如表 1-1 所示。

表 1-1　传统电网与智能电网的特点比较

特点	传统电网	智能电网
自愈性	如果发生障碍，不能及时定位障碍地点，且供电恢复需要人工操作	可以实时对电网进行监控，有效降低故障发生的概率，且电力系统发生故障后，可以短时间定位地点、自动隔离，以避免大规模停电现象的发生
可靠性	具有较差的可靠性，一旦发生故障，往往导致大面积停电	可以实时监控和评估电网的运行状态，可以有效地提高电网抵御网络攻击和自然灾害的能力
兼容性	不能适应小型分布式电源的接入	可以兼容小型发电设备和储能设备的接入
高效性	传统电网容易受到人工和自然因素的影响，具有较低的供电效率	可以应用数字信息技术来提高电网的运行效率，可以动态优化电力资源的配置
交互性	在传统电网中，用户和电力公司的信息交互较少，用户仅是单一的消费者	用户可以及时了解用电信息和电价，可以合理安排用电，和电力公司的信息交互增多

三、智能电网的组成

智能电网不是一个单独的设备、系统、应用或者网络，也不是一个单独的理念，而是利用信息技术、通信技术来优化从供应者到用户的电力传输和配电的技术方案。智能电网的组成如图 1-5 所示。

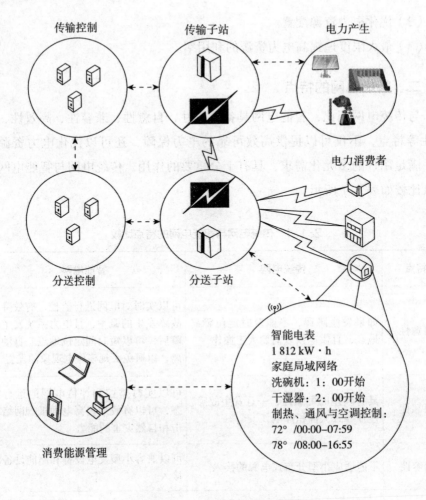

图 1-5　智能电网的组成

四、智能电网的关键技术

为了有效、可靠地使用清洁能源接入的配电，智能电网使用了多种关键技术。

（一）集成双向通信技术

集成双向通信技术可以帮助操作者实时地监控、操作电网的组件，提升了操作者操纵电网的能力。

建设不同的智能电网会利用不同的技术，但是都需要底层的数据传输网络。智能电网所利用的网络技术也应用于自动抄表系统部署中。

（二）先进设备技术

先进设备技术包括如下几种：

（1）容错设备技术。

（2）传导设备技术。

（3）智能设备技术。

（4）超额电力存储设备技术。

（5）诊断设备技术。

这些设备技术决定了电网的电学性质。智能设备能够给电力供应者，以及用户提供有用的消费回馈，便于进行能源管理。

（三）先进控制技术

利用双向通信组件、先进控制技术，操作者可以操控多种智能电网组件。先进控制技术可以帮助操作者收集、诊断并且维护高级数据，远程识别问题并修补，大大节约了时间，以及资金成本。

（四）参数测量技术

1. 智能电表

智能电网的健康度、稳定性，以及安全性依靠新的参数测量技术。智能电表是最常用的一种，如图 1-6 所示。

图 1-6　智能电表

智能电表可以监控使用数据，并向电力公司、用户和第三方服务提供商提供使用细节，也具有其他管理功能，例如电力中断提醒。

2.高级量测体系

高级量测体系具有非常大的作用，可以帮助电力公司利用智能电表做到以下几点：

（1）远程测量数据。

（2）收集数据。

（3）分析数据。

（4）使用数据。

高级量测体系和自动抄表系统非常相似，但是相比于自动抄表系统，高级量测体系更突出的优点是能与智能电表进行双向通信。智能电表收集的信息驱动智能电网以需求—响应的模式运行，构成了大部分智能电网应用的基础。

高级量测体系底层的网络连接了仪表和商业系统，最终向电力公司、用户，以及第三方服务提供商提供信息。

（五）决策支持技术

智能电网能够在短时间内，收集极为庞大且复杂的信息。这是因为人机界面使用高效的手段完成了数据的简化，并且分析了结果，从而帮助管理者和操作者更快地做出决策。

根据国际电工委员会（International Electrotechnical Commission，IEC）的阐述，一个系统是否成功，一般情况下，取决于它的人机界面能否获得用户的认可。

五、智能电网建设的策略

智能电网的建设策略如图1-7所示。我国的智能电网在政策制定、基础设施、相关技术，以及概念推广等方面还有较大发展空间，为加快我国智能电网的建设，可以采取以下措施。

（一）加大智能电网的建设力度

为实现智能电网的健康有序发展，相关部门应当不断地完善相关的政策和制度，以明确智能电网的相关标准、发展方向、发展路线等，为电力公司建设智能电网系统指明发展方向。

同时，在资金投入方面，相关部门应当加大资金投入力度，并出台相关

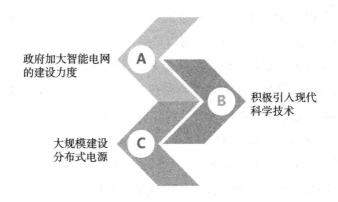

政府加大智能电网
的建设力度

积极引入现代
科学技术

大规模建设
分布式电源

图1-7 智能电网的建设策略

的政策或措施以吸引社会资金的加入，这不仅可以缓解国家电网的压力，还可以使智能电网的概念得以推广。

除此之外，相关部门应当积极宣传智能电网的概念，帮助用户了解智能电网的作用和价值。

（二）积极引入现代科学技术

在建设智能电网的过程中，为形成智能化、信息化、数字化的网络架构，电力公司应当积极引入现代科学技术（如大数据技术、云计算技术等）。

在故障修复方面，电力公司应当在故障检测定位的基础上进一步研究电网的自动修复功能，以形成完整的电网自愈系统，提高国家电力系统的工作效率和质量。

在通信网络方面，电力公司应当借助我国5G通信的发展优势，将其应用到智能电网的建设中，以加强终端用户和电力公司之间信息交互，最终提高智能电网的服务质量。

在通信安全方面，电力公司应当积极引入智能电网安全技术和相关人才，采取相关的措施或技术手段，以保障智能电网的通信网络安全，确保智能电网数据的安全性和可靠性，尽量避免黑客的入侵。

（三）大规模建设分布式电源

分布式电源是智能电网的基础设施，是智能电网自愈性的基础，也是智能电网可靠性的保障。

小型光伏发电设备、小型风电设备，以及小型热电联产技术等设备技术的普及，能够进一步推动我国智能电网的建设和发展，因此大规模建设分布式电源成为发展智能电网的关键，可以采取以下措施：

（1）积极完善分布式电源设备。为方便终端用户安装，应当在保障设备发电效率的同时，尽量减小设备本身的体积，使其便于安装和操作，因此制造企业应当朝着上述方向积极研发新的分布式电源设备。

（2）实现分布式电源的大规模安装。分布式电源的大规模安装和接入，有助于形成完整全面的智能电网网络。因此应加快特高压线路的建设，使其满足智能电网和分布式电源的需求，形成强大的特高压网络，以承受大量分布式电源的接入。

总之，智能电网在我国具有良好的发展前景，在满足用电需求、提高电力服务质量、优化电力资源配置等方面有着不可比拟的优势。因此，有关部门应当采取相关措施，积极建设智能电网，实现电力公司的顺利转型。

第三节　智能电网建设的必要性

随着现代科学技术的发展，尤其是数字化技术、物联网技术等在各行各业的应用，人们的工作质量和工作效率大大提高。人们逐渐意识到电网也可以更加"智能"，可以通过精准的控制为用户提供优质的供电服务，更好地满足用户的用电需求。因此，智能电网应运而生。

智能电网的应用可以保证电力公司服务的性价比，解决电力公司在经济、环境，以及可靠性等方面的诸多问题，建设和使用智能电网的必要性主要体现在以下几个方面：

一、人类生存和发展的现实需要

电力基础设施大多是在 19 世纪末和 20 世纪初被规划和设计的。随着人们对电量需求的增加和对供电服务要求的提高，原有的电力基础设施显然并不适合新的时代，也不能满足用户的用电需求，有自身的局限性。智能电网不仅可以实现电网可靠、经济、安全、高效的使用目标，还可以满足现代人工作和生活的需要，具体体现在以下方面，如图 1-8 所示。

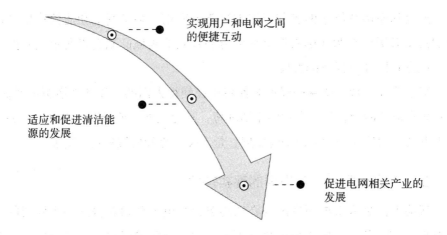

图1-8　智能电网的使用缘由

（一）实现用户和电网之间的便捷互动

在建设智能电网时，电力公司将会形成和用户进行互动的平台，以及时满足用户的用电需求，为用户提供优质的电力服务。一方面，电力公司可以通过智能电网平台了解用户的实际需求和潜在需求；另一方面，用户可以通过智能电网平台向电力公司提出自身的诉求，以更好地满足自身的需求。

同时，通过智能电网，电力公司可以将智能电表、分布式电源、分时电价政策的相关信息及时告知用户，有效地降低负荷峰谷差、平衡电网的负荷，最终实现减少电网成本的目标。

（二）适应和促进清洁能源的发展

传统电网往往会通过火力发电厂供电，这个过程会释放大量的二氧化碳和硫化物，无形中对周围生态环境造成严重的影响。

建设和使用智能电网则可以解决上述问题，智能电网具备风电机组功率预测和动态建模功能，同时具备低电压穿越、常规机组快速调节等控制机制，可以显著提高清洁能源并网的运行控制能力，为清洁能源成为主要的动力能源提供可行的参考途径，有助于清洁能源成为电力公司经济、可靠，以及高效的能源供给方式。

（三）促进电网相关产业的发展

电力工业属于资金密集型和技术密集型行业，需要大量的资金支持，亦产生巨大的经济效益，具有投资大、产业链长等特点。

建设和使用智能电网有利于促进智能电网相关装备制造和通信信息等行业的技术升级，在为我国占领世界电力装备制造领域的制高点奠定基础的同时，促进我国社会经济的发展。

综上所述，智能电网的建设和使用可以使得人们的工作和生活更加便捷，使用更多清洁能源，保护人们的生活环境，除此之外，还可以促进电网相关产业的发展，间接促进社会经济的发展，是人类生存和发展的现实需要。

二、电力公司进一步发展的现实需要

智能电网是未来电网发展的必然趋势，是电力公司获得进一步发展的现实需要，它具备强大的资源优化和配置能力，同时可以提高电力公司的工作效率和水平，具体表现在以下方面：

（一）具备强大资源优化和配置能力

和传统电网不同，智能电网具有结构坚强的受端电网和送端电网，是一个"强交、强直"的特高压输电网络，因此具有较高的区域间电力交换能力，为资源优化和配置提供方案和方向。

智能电网不仅可以进行跨区域、大容量、远距离、低损耗的电力输送，还可以实现大水电等可再生能源的传输，具有重要的作用和价值。

（二）具备更高的安全运行水平

首先，智能电网的各级防线之间具有紧密的联系，具备抵御突发性事件和抵御严重故障的能力，即使遇到突发事件，整个电力网络也不会发生大面积"瘫痪"，可以有效地避免连锁故障的发生，显著提高电力公司供电的可靠性，为实现电力公司的可持续发展提供必要的支撑。

其次，通过智能电网调度和需求的管理，电力公司可以有效地提高工作效率，保障电网安全稳定运行。

最后，智能电网具备在线智能分析、预警和决策的功能，为高效调控各类新型发电技术设备和精益化控制交流、直流电网提供强大的技术支持。

（三）实现电网数据的信息化

在建设智能电网的过程中，将形成覆盖电网各个环节的通信网络体系，最终实现电网数据管理、电网空间信息服务、信息运行维护和生产应用集成等目标，有利于提高电力公司电网的信息化管理水平。

综上所述，智能电网的建设和使用对电力公司具有重要的价值，可以提高电力公司的管理水平，使得电力公司提供更加可靠和安全的供电途径，是电力公司进一步发展的必然趋势。

第四节 不同国家和地区对智能电网的建设

世界各国都十分重视智能电网的建设，例如，中国、加拿大，以及澳大利亚等国都在进行智能电网的计划、部署。

一、中国

智能电网计划（Smart grid plan；Intelligent electrical network plan）是中国国家电网公司于 2009 年 5 月 21 日首次公布的，其内容有：坚强智能电网以坚强网架为基础，以通信信息平台为支撑，以智能控制为手段，包含电力系统的发电、输电、变电、配电、用电和调度等各个环节，覆盖所有电压等级，实现"电力流、信息流、业务流"的高度一体化融合，是坚强可靠、经济高效、清洁环保、透明开放、友好互动的现代电网。坚强智能电网的主要作用表现为，通过建设坚强智能电网，提高电网大范围优化配置资源能力，实现电力远距离、大规模输送。

2009—2010 年是规划试点阶段，重点开展坚强智能电网发展规划，制定技术和管理标准，开展关键技术研发和设备研制，开展各环节的试点；

2011—2015 年是全面建设阶段，将加快特高压电网和城乡配电网建设，初步形成智能电网运行控制和互动服务体系，关键技术和装备实现重大突破和广泛应用；

2016—2020 年是引领提升阶段，将全面建成统一的坚强智能电网，技术和装备达到国际先进水平。届时，电网优化配置资源能力将大幅提升，清洁能源装机比例达到 35%，分布式电源实现"即插即用"，智能电表普及应用。

到 2020 年，可全面建成统一的"坚强智能电网"。

二、加拿大

2006 年，加拿大安大略省政府就要求电力公司在 2010 年前向所有用户提供智能电表。随后安大略省的电力公司开始向安大略省内的 130 万用户部署智能电表。

这项部署采用由位于美国加利福尼亚州的雷德伍德城的 Trilliant 公司生产的智能电表。

三、澳大利亚

澳大利亚 2010 年 6 月在新南威尔士州开展了"智能电网、智能城市"的试点计划，计划建造一个更高效、对用户更友好的电力网络。在现存传输和配电网络的基础上，利用传感器、高级通信系统，以及仪表，最终实现监视、自动控制，以及调节电力的双向流动。

澳大利亚相关部门希望智能电网，不仅能够实现示范社区设备现代化，以及用户的应用，还能够使传输和配电网络更加现代化。

四、欧洲

2005 年，欧洲未来电网技术平台启动，欧盟就欧洲未来智能电网的发展达成了一致愿景，如图 1-9 所示。

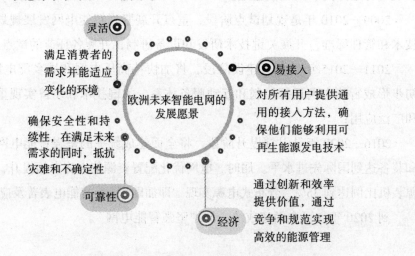

图 1-9　欧洲未来智能电网的发展愿景

第二章　智能电网安全建设

各个公司，无论规模大小，在看到智能电网技术的潜在市场后，都开始向这项产业投资。但是，人们往往容易忽略潜在的安全问题，所以本书不仅要对智能电网技术的设计等进行阐述，还要指出可能出现的安全性问题，并提出智能电网安全建设的建议。

智能电网的安全建设是保证智能电网安全、平稳、可靠运行的基础和前提，必须保证智能电网串行通信和远程连接的安全，确保数据不会发生泄露，智能电网不会因受到攻击而崩溃。

因此，智能电网的工作人员需要了解和掌握智能电网的安全标准和相关规定，这样才能以不变应万变，游刃有余地进行智能电网的安全建设。

本章主要介绍智能电网安全建设的整体情况，并在此基础上阐述智能电网的安全标准、安全控制等方面内容。

第一节　智能电网安全内容

与传统电网不同，智能电网通过不同的控制系统对能源进行管理，在安全控制方面亦有不同的标准和规定。智能电网的安全涉及网络安全、物理安全、应用安全，以及数据安全等多方面内容。

一、网络安全

智能电网系统包含多种网络类型，例如办公信息网络、电力调度信息网络、对外联系网络等。

为有效保障智能电网的网络安全，应针对不同的网络设置不同的安全级别，并配置不同的网络安全设备。例如，电力调度信息网络用于传输大量的信息数据，对网络安全性的要求较高，因此在配置时应当使用具有较高安全性的安全监控系统、防火墙、病毒防护系统、入侵检测系统等。

在对网络进行安全配置时，应遵循科学性原则，在保证网络安全的同时，不能降低网络运行速度。

二、物理安全

电力公司将信息数据主要存储在物理设备之中，一旦物理设备遭到破坏，数据将面临巨大的安全风险，甚至给电力公司造成难以预估的损失。可以说，物理设备的安全是智能电网系统安全建设的基础和前提。

因此，电力公司应当根据实际情况建立备份管理制度，并应用先进的灾难恢复技术。

三、应用安全

智能电网的应用安全涉及两方面问题，可以用"内忧外患"来概括。

"内忧"指在公司内部，公司员工误操作或者某些别有用心的员工恶意操作导致应用系统出现安全问题。其主要原因是内部管理制度不严，缺乏有效的安全运维机制，从而导致安全运维权限设置不严、权限滥用等现象。

而"外患"则主要表现在黑客攻击、病毒入侵等方面。

四、数据安全

在智能电网系统中，数据安全包含两方面的含义：一是数据自身的安全；二是数据防护的安全。前者可以通过加密算法对数据进行保护，包括身份认证、数据加密等，后者可以通过信息存储技术对数据进行防护，包括数据备份、磁盘阵列、双机热备等。

由于电力公司的特殊性，其数据安全防护工作尤为重要。为有效保护数据的安全，电力公司可以通过文件加密、访问控制等安全措施，保证数据传输和存储过程中的准确性、保密性。当然，也可以采用双机容错、异地容灾等技术保护数据安全。

第二节 智能电网安全标准

智能电网中有很多独立的系统，这些系统基本上采用串行通信方式进行远程通信访问，需要由专门的技术人员操作。为了对这些系统进行流程化管理，以节约管理成本，传统电网需要被升级为智能电网。

传统电网中现有的 IT 系统和服务、安全控制系统等因不能满足智能电网的性能要求而无法在智能电网中直接应用，因此采用更加有效的安全控制技术和系统势在必行。然而，传统电网所采用的安全标准并不适用于智能电网，需要制定全新的安全标准。

智能电网相关法规和标准是建设智能电网的基础，同时将智能电网相关的安全标准和规定加以统一和落实，能够降低智能电网被网络攻击的概率。常见的标准和规定如下：

一、ISO/IEC 27000 系列

ISO/IEC 27000 系列是国际标准化组织和国际电工委员会合作制定的国际标准，规定了所有电气、电子和相关技术的国际标准，也包括智能电网建设的相关标准。

其中，ISO/IEC 27001 规定了信息安全的管理要求，为智能电网中的数据信息安全提供相关的指导和参考，适用于认证。

ISO/IEC 27002 则提供了信息安全管理的实践守则，为组织中信息安全管理的启动、维护、实施和改进提供相关准则和一般原则，并提供通用指南，可以映射到特定的域。例如，德国德意志银行开发的 DIN SPEC 27009 将 ISO/IEC 27002 的指导方针和原则映射到电力公用事业公司领域。

二、IEEE 标准

IEEE 1686—2007 涵盖了访问、运行、配置、防火墙修订和 IED 数据检索方面的安全性内容，通过变电站智能电子设备的标准网络安全功能定义强制性功能，以适应关键的基础设施保护计划。需要注意的是，变电站内部和外部数据的安全传输加密不属于本标准。

同时，电力系统领域也适用于 IEEE 802 标准，其相关标准的作用和定义内容如表 2-1 所示。

表 2-1 IEEE 802 标准的作用和定义内容

标准类型	作用	定义内容
IEEE 802.1X	允许基于专用凭证对网络进行限制性访问决策	定义了 IEEE 802 上的 EAP 封装；IEEE 802.1AF 正式规定的密钥管理
IEEE 802.1AE	指定媒介访问独立协议的无连接数据机密性和完整性安全功能	指定了类似于以太网的安全帧格式
IEEE 802.1AR	规定了安全设备标识	指定每个设备标识符的唯一性，以及设备对其标识符的管理和加密绑定

三、IEC 智能电网战略工作组

IEC 智能电网战略工作组发布了有关智能电网标准化路线图的报告，其中包括智能电网相关标准的要求、状态、建议，以及相关安全主体等，要求针对智能电网复杂性的整体安全架构，主要项目和内容如下：

（1）专用安全控制组的规范（如访问控制）。

（2）基于明确的网络分段和功能区域的智能电网应用的定义分区。

（3）包含身份识别（基于信任级别）和身份管理的规范。

（4）在标准化中考虑传统组件安全的必要性。

（5）符合 IEC 62443，以实现共同的工业安全标准。

四、IEC 62351

IEC 62351 用于建立和确保"端到端"的安全性，其范围是电力系统管理的数据和通信安全、电力系统实体之间的信息交换。

该标准具有 8 个部分，每个部分处于不同的完成状态，可以根据需要灵活添加其他部分，相关规定如表 2-2 所示。

表 2-2　IEC 62351 相关规定

IEC 62351	安全服务的定义	作用	标准化状态
第 1 部分	简介和概述	解决电力领域所需要的安全服务	技术规范
第 2 部分	词汇术语	提供整个标准中所使用的术语	技术规范
第 3 部分	TCP/IP 的配置文件，包括密码套件的规范（对加密、认证和完整性保护算法进行经过允许的组合），以及用于 TLS 的证书要求	定义了基于 TCP/IP 的能源自动化通信的安全服务	技术规范
第 4 部分	MMS 的配置文件	规定了针对通过 MMS 发送的安全信息增加的程序、协议增强和算法，定义了基于 TLS 传输层和应用层的过程，以保护通信信息的安全	技术规范
第 5 部分	IEC 60870-5 和衍生物的安全性	定义了串行通信的附加安全措施和密钥哈希的不同密钥管理	技术规范
第 6 部分	IEC 60870 的安全性	定义了 IEC 60870 对等配置文件的安全性	技术规范
第 7 部分	网络和系统管理数据对象模型	描述了用于"端到端"网络和系统管理以及安全问题检测的安全相关数据对象	技术规范
第 8 部分	电力系统管理的基于角色访问控制	以 3 个配置文件支持基于角色的控制访问	技术规范

五、NERC CIP 标准

NERC CIP 标准中包含一系列旨在维护和提高大规模电力系统可靠性的

标准。CIP 的目标在于保护此类系统可靠运行所需的重要基础设施元件，其相关标准如表 2-3 所示。

表 2-3　NERC CIP 部分规定

CIP	标题	内容
002	网络资产识别	使用基于风险的评估方法识别和记录关键网络资产
004	人员培训	维护和记录安全意识计划，以确保人员对已经验证安全措施的了解
005	电子安全保护	识别和保护电子安全周边及其关键网络资产周边的接入点
006	物理安全计划	创建和维护物理安全控制，包括检测周边访问的流程、工具和程序
007	系统安全管理	定义和维护在电子安全范围内保护网络资产的方法、程序和流程，而不对现有的网络安全控制产生影响
008	事故报告和响应规划	开发和维护一个针对分类、响应行动和报告的网络安全事件响应计划

对于智能电网而言，安全标准必须是不偏不倚的，并且涵盖整个智能电网。然而，不同电力公司的具体要求不同，智能电网的安全性存在一定的差异，有时会影响智能电网的安全性。同时，智能电网具有薄弱环节，对这些环节采取的安全措施不同，其效果自然也不相同。因此，不同的电力公司需要根据具体情况灵活地进行选择。

<h2 align="center">第三节　智能电网安全控制</h2>

随着电网智能化程度的提高，一系列安全问题随之产生，主要表现在隐

私数据安全、外来用户入侵、存储设备故障等方面。因此，进行智能电网安全建设，除制定智能电网安全标准外，还要采取以下安全控制措施：

（1）传统访问控制。

（2）身份管理。

（3）系统集成。

（4）通信保障及其他控制。

一、安全控制目标

目前，智能电网可以提供可靠性强、效率高、更节约能源的配电和输电方法。利用新技术，以及电力网络中心建立互联机制，依赖于不同组织的合作和大量数据的分析。但是，新技术在不断地变化与更新，在获取应用，以及更易获取能源数据的同时，新的攻击漏洞也可能被利用。

人们在听到新技术或者数据分享的时候，首先会想到它的新优点，以及功能。安全专家则会考虑这些新技术被用到实际生活中，会存在哪些安全风险。

一般情况下，安全专家会通过资源访问权限，以及给予最低的数据来限制访问。有时新功能和安全控制会发生冲突，但是，安全控制应适当，而不能妨碍新功能的使用。

安全控制的目标是使新功能正确并且保护它不被滥用。最好的情况就是，业务部门与安全专家合作来确保新功能以一种安全方式工作的同时，还能保持其原本功能。

其实，不存在完全的环境或者网络，包括智能电网。智能电网组件在提升了操作性，以及功能性的同时，向电网引入了其他风险，以及新的漏洞。

只要将攻击漏洞控制住，攻击者就很难出于利益、好奇、名气等多种目的利用这些漏洞进行攻击。

在智能电网的众多目标中，提得最多的就是提升电网安全性。安全目标主要包括以下4个方面：

（一）完整性

电力公司如果不能保证电表仪器的完整性，就会遭受严重的经济损失。因此，智能电网的安全目标之一就是保证智能电表的完整性，即保证智能电表数据的完整性和智能电表组件的完整性。

据调查，每年因为电力窃取，电力公司损失严重，直接影响着电力公司的收益。同样，智能电网会受到各种攻击，如篡改电表数据等。因此，电力公司需要采取适当的安全控制措施以保证智能电表的完整性。

（1）使用合适的安全控制和管理系统，尤其是在智能电表数据传输的过程中，采取合适的加密措施，保证智能电表数据的完整性，最终保证电力公司收到的数据是完整的。

（2）为保证智能电表组件的完整性，应对智能电表的外观进行设计，避免人为修改和破坏，如安装必要的密封外壳等。

（二）可靠性

相对于传统电网，智能电网更具可靠性。可靠性主要指数据的准确性。

正确的安全控制可以使智能电网成功阻止拒绝服务攻击，确保其数据不被攻击和篡改，从而将智能电网的可靠性大大提升。

智能电网中的数据分析至关重要，为了能收集到可靠的准确数据，必须采取安全控制。例如，消费数据会被智能电表发送到电力公司以产生账单，而采用类似散列表的安全机制可以帮助电力公司验证消费数据，保证用户收到的账单是准确的。

需要注意的是，在向用户提供电量使用数据时，应加强对这些数据的隐私保护，确保其不会被泄露或被黑客攻击。因此，可使用加密技术传输这些数据。

（三）适应性

随着社会经济的发展，人们逐渐意识到可再生能源、新型能源将在未来电网中扮演关键角色。因此，在设计智能电网的安全目标时，应考虑可再生能源、新型能源等对智能电网的影响，采取对应的设计和规划，提升智能电网系统的适应性。例如，如果某用户在自己的屋顶上安装太阳能电池板，他有可能会将额外的电力售卖给电力公司，这时电力公司需要采取相关措施（如建设可再生能源系统等）进行电力检测，以确保自身没有为谎称的电力买单。

（四）降低碳排放量

绿色生活、低碳生活的理念已经深入人心，降低能源消耗可以有效降低碳排放量。电力对能源的消耗较大，如果用户可以有意识地降低电量的消耗，就可以大大降低碳排放量。

因此，相关部门在设计智能电网的安全目标时，应当考虑降低碳排放量这一目标。为实现这一目标，电力公司应为用户提供实时的电量使用数据，以帮助用户调整自身的用电习惯，减少能源消耗，进而降低碳排放量。

二、风险公式

在安全控制的缺口上进行漏洞识别时，识别风险用到的安全控制一定要明确，识别风险需要适用内部或外部威胁，并通过相应的方式来威胁系统。

部分安全控制在面对内部威胁时加强自身的安全性，也可以阻止外部威胁侵入系统。并且在以上两种情形下，环境，以及系统都会受到威胁，遭到破坏，还会为组织带来责任风险。

组织的责任代表了风险公式中的影响，风险公式如下：

$$概率 \times 影响 = 风险$$

测量风险，需要了解影响，以及影响的形式，这在智能电网中是一个非常重要的概念，因为内部与外部威胁之间的传统界限并不明确。除此以外，智能电网的影响还会从身份窃取的风险，延伸到对人类生活甚至是人类本身的影响。

三、威胁评估

当对智能电网结构进行威胁评估的时候，一定要清楚内、外部威胁会导致风险。一种安全控制方法应该可以识别空隙，这样才可以进行分析。利用 NIST SP 800-53 系列安全访问控制，安全控制空隙如表 2-4 所示。

表 2-4　安全控制空隙

编号	控制名称	空隙表达
AC-1	访问控制策略和程序	结构内不存在要求访问控制被取代的策略
AC-2	账户管理	结构内不存在管理用户账户的常见进程
AC-3	强制访问	结构内不存在强制访问控制机制
AC-4	强制信息流	结构内不存在控制信息流的机制
AC-5	责任分割	结构内不存在基于角色的访问控制

与这些空隙相关的风险必须在内部或外部威胁的环境下被识别，给出了这些空隙也就是给出了弱点，而这些弱点能否被内部或外部威胁则需要进行威胁评估，威胁评估如表 2-5 所示。

表 2-5　威胁评估

控制名称	外部威胁	内部威胁
访问控制策略和程序	缺乏访问控制策略和程序会导致外部威胁访问内部资源，并实施不恰当的控制	没有访问控制策略，以及程序，用户访问他们不应该访问的系统会导致系统实施以未被授权的方式使用
强制访问	缺乏强制访问会让外部威胁从外部访问系统，因为访问限制未被实施	没有强制访问就没有办法禁止不该访问的用户访问系统
账户管理	如果外部威胁已经渗入系统，会更容易升级特权	没有账户管理会导致无法区分被支持访问的用户与不被支持访问的用户
责任分割	缺乏责任分割可能会使外部威胁强制一个用户账户访问它们想得到的任何内部资源	没有责任分割就无法辨别导致网络风险的对象，因为每个人都有同等的访问机会
强制信息流	缺乏强制信息流会让外部威胁得到内部信息	没有强制信息流就无法控制用户在系统内对信息的操作

四、风险抑制

在智能电网架构下，安全控制，以及控制系统都是责任的代表。对安全控制空隙表中所提到的例子，可以实施相关措施，但是限制访问的技术解决方案不太可行。

因为这很有可能导致糟糕的运行性能。糟糕的进行性能是与可靠性背道而驰的，这样的控制或许对于智能电网架构本身就是一种网络风险。所以如果控制与缺乏控制都代表了风险，缓解风险可以通过另一种控制方案来找到。

在过程控制中植入一个行为限制功能，这样就可以实施检测异常行为的技术控制。不能实施控制的地方可以通过风险抑制来解决，风险抑制如表2-6 所示。

表2-6　风险抑制

控制名称	技术抑制	过程抑制	威胁抑制
账户管理	集中化向用户报告改变的账户管理解决方案	实施账户配置过程	外部威胁包含在过程抑制中，内部威胁包含在技术抑制中
访问控制策略和程序	集中化访问控制管理策略，以强制用户增加一个访问权限	对于配置的访问开发和实施访问控制策略和程序	外部威胁包含在过程抑制中，内部威胁包含在技术抑制中
强制信息流	数据丢失解决方案和防止措施	实施信息描述和分类过程	外部威胁包含在过程抑制中，内部威胁包含在技术抑制中
强制访问	向访问控制报告改变	要求所有访问都默认拒绝，并且通过一个改变控制程序打开需要的访问	外部威胁包含在过程抑制中，内部威胁包含在技术抑制中
责任分割	实施基于角色的与账户管理相关的访问控制	开发角色和用户角色类型	外部威胁包含在过程抑制中，内部威胁包含在技术抑制中

　　使用基于风险的技术保护智能电网架构的重点是找出降低风险的策略，而安全控制并不会呈现内部资源最终的做法引起的影响。

　　网络安全专家也将从内部威胁的角度来抑制风险的发生，而不是只专注于外部威胁。同时，他们会通过找到内部的弱点来防止外部威胁。

第三章　智能电网通信系统安全

当前智能电网使用的通信技术非常容易受到网络的攻击，导致系统运行不可靠，以及不必要的支出，甚至给用户，以及电力公司带来巨大损失。

本章主要对智能电网通信系统的安全需求，以及通信系统中可能出现的漏洞进行总结，并讨论了智能电网通信系统网络安全面临的挑战。

第一节 智能电网通信系统简介

在智能电网的环境下，大量先进的信息和通信技术逐渐与之融合，实现配电自动化、读表自动化、需求响应等功能，在这样的形势下，建设和规划经济高效、安全可靠、科学合理的智能电网通信系统成为智能电网建设的当务之急。

一、智能电网通信系统组成

智能电网通信系统由多个子系统组成，包括控制系统、数据采集系统、数据传输系统等，通常使用蜂窝、微波、陆地移动无线电、有线线路、无线局域网、RS–232/RS 串行链路等作为媒介，如图 3-1 所示。

其中，SCADA 系统具有重要的作用。通常情况下，SCADA 系统控制中心的工作人员可以通过该系统对远程现场的环境和状态进行监督和控制，以完成数据采集等功能，并通过获取的信息做出决策，实现电力资源管理的智能化和自动化。

二、智能电网通信系统规划

智能电网通信系统规划是在时间、目标、空间、步骤、费用和设备 6 个方面，对未来的通信系统做出合理的安排，进而实现减少投资和运营费用、改善业务灵活性和提高业务质量的目标。

　　因此，有效的通信系统规划方案应当平衡各种指标，实现通信系统的经济性、可靠性、稳定性等。

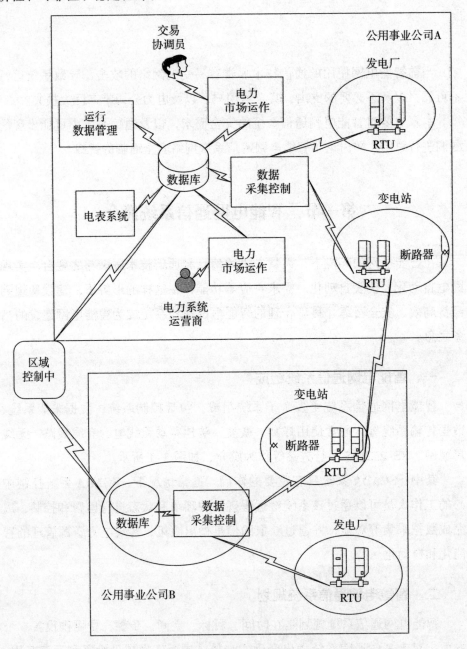

图 3-1　智能电网通信系统

在建设智能电网通信系统时，为提高网络资源的利用率、优化网络冗余、实现业务路由优化等目标，可以按照以下步骤进行规划，如图3-2所示。

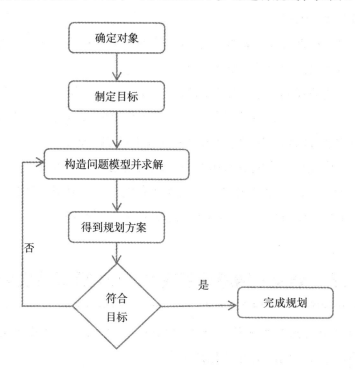

图3-2　智能电网通信系统规划步骤

（1）确定对象。在规划智能电网通信系统架构时，应当针对拓扑结构、编号规划、路由规划、传输规划、计费规划等对象做出具体的安排和选择，以方便制定对应的目标。例如，拓扑结构可以分为站点选址和线路规划两类，应当根据网络的可靠性、经济性密切要求进行选择和规划。因此，在进行通信系统规划时，首先需要确定对象。

（2）制定目标。为实现通信系统规划经济成本的最小化、提高通信系统的可靠性、均衡负载、降低时延，在具体实施时，可以选择以下两种方式：一是单目标规划，即将目标进行分解，通过对所有单目标进行规划，完成综合目标；二是多目标联合规划，即从整体的角度出发，制定总体目标并进行规划。

（3）构造问题模型并求解。在明确规划目标之后，需要根据规划对象的特征，应用数学手段和工具等对各个变量之间的关系和规律进行刻画，进而构造出相应的数学模型，最后通过合适的算法（如遗传算法、贪心算法、免疫算法等）进行求解。

（4）得到规划方案。根据上述构造的问题模型和相关算法，得到规划方案（通常是问题模型的最优解的方式）。

根据不同的规划对象，得到的规划方案往往并不相同，可以是光缆线路的部署方式，可以是站点的最佳位置，还可以是冗余节点的部署方案等。总之，规划方案可以解决通信系统中需要规划的大部分问题。

（5）完成规划。当完成对通信系统的规划之后，应当对上一步获得的规划方案进行验证，以保证规划方案的顺利完成。一旦规划方案和最初制定的目标有所偏离，就对数学模型进行调整和完善，重新求解。

第二节　智能电网通信系统安全研究背景及安全原则

智能电网功能的实现离不开通信系统，电力公司需要借助通信系统及时、准确地掌握电网的运行状况和用户需求。

如果智能电网的通信系统安全得不到保障，不仅会发生数据泄露，还会造成难以估量的后果。因此，有必要保障智能电网通信系统的安全，以保障智能电网的安全平稳运行。

本节主要介绍智能电网通信系统安全研究的背景，以及智能电网通信系统的安全原则等，旨在帮助研究人员及时采取措施以维护智能电网通信系统的安全。

一、智能电网通信系统安全研究背景

智能电网的发展速度远远超过我们的想象，在电力行业中具有举足轻重的地位。

在智能电网发展的初期阶段，由于人们重视智能电网的功能需求，而忽视智能电网的安全风险，因此智能电网通信系统安全方面存在较大的局限和不足，例如缺乏认证保护、完整性保护和加密保护等机制，又如在智能电网

通信系统方面的规划和设计并不全面等。

随着人工智能技术的发展，智能电网中连接了越来越多的智能设备（如智能电表、智能冰箱、智能电视机等），并和智能电网中的电力设备进行信息交互，这意味着智能电网通信系统中将会存在大量的数据和通信节点，对智能电网通信网络的实时性、安全性和可靠性提出了更高的要求。因此，安全的设备接入和安全的数据传输是智能电网通信系统安全运行的前提，这一前提逐渐引起各界的关注，成为智能电网研究领域的热点问题之一。

同时，由于智能设备、电力设备、用电设备等需要接入智能电网之中，接入设备呈现出种类丰富、形式多样的趋势，而现阶段的智能电网通信系统并不能满足这些设备之间的信息交互，其工作效率较为低下，容易造成资源的浪费。因此，有必要对智能电网通信系统进行规划和建设，以确保形成安全可靠的通信网络，为各类数据提供安全的传输通道。

综上所述，上述问题和现象的存在限制了智能电网的进一步发展，为攻击电力系统和智能电网提供了可能。例如，各国很可能围绕智能电网，以攻击智能电网为手段，以干扰正常生产和生活的目标开展电力能源战争。因此，有必要加强智能电网通信系统安全的建设和完善，采取各种措施保障智能电网通信系统的安全。

二、智能电网通信系统安全原则

智能电网通信系统是进行数据传输的前提和基础，如果没有通信系统，智能电网数据传输就无从谈起。因此，保障智能电网通信系统的安全至关重要，智能电网通信系统安全原则如图 3-3 所示。

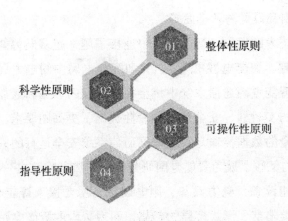

图 3-3　智能电网通信系统安全原则

（一）整体性原则

整体性原则指在维护智能电网通信系统安全时，需要从整体出发，对智能电网通信系统的各个子系统进行全方位、多角度的安全保护，包括数据采集系统、数据传输系统等。

因此，需要遵循整体性原则采取有效的措施和方式，以维护智能电网通信系统的安全。

（二）科学性原则

科学性原则指在维护智能电网通信系统安全时，需要针对通信系统各个子系统的不同特点和性质，针对这些子系统可能出现的安全问题，采取科学合理的方式对其进行安全保护。

因此，需要遵循科学性原则采取有针对性的措施和方式，以维护智能电网通信系统的安全。

（三）可操作性原则

可操作性原则指在维护智能电网通信系统安全时，采取的措施和手段应当具有实施的可行性。即选取措施时必须考虑可靠性、操作可行性和难易程度，遵循可操作性原则。

（四）指导性原则

指导性原则指在维护智能电网通信系统安全时，采取的措施和方法应当为智能电网通信系统安全提供指导和依据，具有一定的前瞻性和指导性，其要求如下：

（1）相关措施和手段应当具备科学的引导作用，并对其安全程度有所反映和评价，以更好地指导智能电网通信系统安全建设。

（2）相关措施和手段应当可以反映出智能电网通信系统安全建设的趋向性。

第三节　智能电网通信系统漏洞及安全要求

智能电网通信系统的可靠性决定了智能电网的可靠性。通信系统越复杂和完善，越能实现更高的可靠性和控制性。然而，在智能电网通信系统更加复杂的同时，其带来的风险也更大。

智能电网通信系统难免存在各种类型的漏洞，正是这些漏洞为攻击智能电网提供途径。因此，研究人员有必要了解智能电网通信系统的漏洞和相关的安全要求，以有效保障智能电网通信系统的安全。

一、智能电网通信系统漏洞

（一）漏洞类型

1. 隐私性方面

用户、用户网络、终端设备、终端设备网络是智能电网通信系统较为薄弱的环节，通常攻击者会对这些环节进行攻击，以获取相关信息数据。

在隐私性方面，其漏洞主要表现为攻击和篡改用户的消费数据、用户行为数据等，进而分析出用户的行为习惯。因此，有必要针对隐私性方面的漏洞实施相关的应对措施，以保护用户的数据隐私。

2. 可用性方面

在智能电网通信系统可用性方面，由于其集成诸多子系统，难免会具有很多漏洞。

攻击者通过攻击可用性方面的漏洞可以延迟、阻止甚至破坏信息传输，从而使智能电网中需要信息交换的通信节点无法使用网络资源。

在智能电网中，无论是发电系统还是配电系统都可能在运行过程中受到相关攻击，进而导致相关信息数据的延迟和损坏。

3. 完整性方面

完整性指防止未经授权的人员或系统对信息进行未检测到的修改，在这方面往往无法进行严密保护，存在完整性方面的漏洞。该漏洞的入侵途径分为以下两种：

（1）通过网络中的信息注入。

（2）在信息重放和信息延迟时进行信息修改。

违反完整性可能会导致安全问题，即设备和智能电网通信系统均会受到攻击，其中的信息数据有可能被篡改和泄露。

4. 硬件方面

硬件方面的漏洞指攻击者通过攻击硬件设备中的漏洞，以获取相关的信息数据，具有较大的危害。例如，攻击者可能会攻击智能电表，其目的在于更改电流检测装置，对电表软件实施逆向工程，使其报告的耗电数更少。

攻击硬件设备方面的漏洞可能产生严重的后果，为避免上述现象的发生，可以采取以下策略：

（1）应用具有物理攻击检测机制的嵌入式系统。

（2）应用逻辑侦测技术。

（3）安全部署电表。

（二）攻击漏洞的步骤和手段

智能电网通信系统中存在着各种各样的风险和漏洞，使得信息安全问题逐渐凸显。

通常来说，黑客攻击智能电网通信系统主要分为以下4个步骤，如图3-4所示。

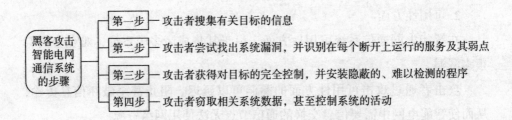

图3-4　黑客攻击智能电网通信系统的步骤

通过上述步骤，黑客通常可以窃取通信系统中的数据，甚至对通信系统发出相关命令，具有较大的危害。

根据黑客攻击智能电网通信系统方式的不同，其手段亦比较多样，常见的攻击手段见表3-1。

表3-1 黑客攻击智能电网通信系统漏洞的手段

手段名称	攻击方式或原理	攻击后果
拒绝服务攻击	黑客将误导性的大量指令分发到服务器或通信系统的网络之中，以暂时或无限期中断用户服务	通信系统超载，无法及时回应正常的用户请求
中间人攻击	攻击者在两个设备之间插入恶意代码并拦截或侦听设备之间的通信，使得合法设备通过第三方设备进行间接通信	破坏智能电网通信系统的保密性和完整性
病毒攻击	攻击者通过病毒代码感染智能电网通信系统中的特定设备或程序	破坏智能电网通信系统的稳定性，在后台运行特定代码程序
数据注入攻击	攻击者通过更改存储在网络设备中的数据，进而破坏智能电网的完整性。例如，通过更改智能电表中的数据，以减少电费的支付	破坏能源管理系统，并带来灾难性的后果
重放攻击	攻击者在捕获数据包之后，通过注入特定的数据包，并将其重播到合法目的地，进而破坏数据包的完整性	可以破坏通信过程的完整性，获得未经授权的身份验证，进入通信系统网络，为从事非法活动提供方式
干扰攻击	攻击者利用无线网络的共享性质，通过发送随机或连续的数据流，占据信道，以组织相关设备进行通信	降低通信系统的性能
后门攻击	后门程序具有一定的隐蔽性且难以检测，攻击者通常将后门程序嵌入通信系统（SCADA系统）中，以获得对目标的永久访问	对SCADA控制中心的服务发起多次攻击，破坏电力系统安全

二、智能电网通信系统安全要求及其技术手段

面对智能电网通信系统的漏洞和威胁，有必要对其进行信息加密，以保证通信信息的安全性和完整性，其安全要求如下：

（1）增强信息安全的主动防护能力，以保证智能电网通信系统稳定运行。

（2）强化安全统一管控，以提升信息安全的自主可控能力。

（3）防止智能电网通信系统被恶意窃听或渗透，以保证信息数据的安全。

（4）关注信息安全工作的发展趋势和成果，并将前沿技术用在信息安全防护中。

为达到保护智能电网通信系统安全的要求，可以采取严格的加密技术，以有效保护智能电网中的重要信息数据。

首先，使用数字签名技术。数字签名技术指只有信息发送者才能产生的、无法伪造的数字串，是对信息真实性的有效证明，具有不可抵赖性。数字签名技术的作用如下：接收者可以核实发送者对报文的签名；接收者不能伪造发送者对报文的签名；很好地保障用户通信安全。

其次，使用硬件加密设备——密钥服务器。密钥服务器中存在随机密钥发生器，主要负责网上用户之间的通信安全，其机制如下：在每次对话时使用不同的对话密钥，即用户之间的信息传达由对话密钥进行，可以确保用户信息的安全性和隐私性。

最后，进行报文完整性检查。在信息数据传输的过程中，为保证信息的安全性和完整性，有必要对传送报文的完整性进行检查，其机制如下：将收到的报文截取部分长度作为 MAC（将其作为报文和密钥的函数），并对信息发送者的身份进行鉴别，若发现 MAC 不一致，则说明报文已经被篡改，其受到了网络攻击，这样有助于工作人员及时采取有效的措施。

第四节　智能电网通信系统网络安全挑战

在智能电网通信系统的建设和运行过程中，其往往会面临很多网络安全方面的挑战，主要体现在以下方面：

一、在通信系统信息安全方面的挑战

首先，智能电网中存在移动通信网络、无线局域网等诸多通信方式，导致多种网络协议并存，使得智能电网的通信系统更加复杂，增大信息传输过程中信息被破坏、篡改和非法窃听的风险。

其次，智能电网具有较高的信息系统集成性、较高的信息系统融合度、较强的信息系统依赖性，加上业务系统和外界用户之间的实时交互更加频繁和丰富，这些因素导致海量交互信息存在被泄露、破坏，以及被篡改的风险。

再次，智能电表、移动设备等多种智能终端设备的大量接入，使得智能电网通信系统更加冗余，这些用户智能终端设备类型多样、数量庞大，难免存在信息泄露、非法接入，以及被控制的风险。

最后，智能电网中应用多种先进的科学技术，如新型无线通信技术、云技术、物联网技术、虚拟化技术等，这些新型技术本身存在一定的安全缺陷和漏洞，有可能导致信息数据的泄露和破坏。

二、在通信系统设备安全方面的挑战

首先，在智能电网通信系统中，不同设备之间通过各种异构的网络协议共存和进行通信，因此设备之间的通信需要进行数据聚合和协议转换。在这一过程中，这些设备难免会受到网络安全攻击，导致协议无法进行正常转换，给智能电网通信系统带来潜在威胁。

其次，在智能电网通信系统之中，大多数的硬件设备并不能满足当前通信的需要，其计算能力有限、内存空间不足，总体来说，无法支持高级安全机制。在这一过程中，这些设备如果受到网络安全攻击，很容易就处于"瘫痪"状态，使得通信系统面临重大的风险。

第四章 变电站自动化系统漏洞评估

随着社会的飞速发展，智能电网中的网络安全问题越来越多，对网络安全漏洞评估也越来越严格，相应地，变电站自动化系统漏洞评估也愈发重要。本章将对变电站自动化系统漏洞评估进行系统阐述。

第一节　变电站自动化系统漏洞概述

随着智能电网的建设和发展，智能电网的核心和基础——变电站自动化系统变得越来越重要，人们逐渐意识到变电站自动化系统的重要作用。与此同时，变电站自动化系统的安全问题逐渐凸显，即变电站自动化系统漏洞开始出现，本节主要阐述变电站自动化系统的概念、功能和作用等，并在此基础上重点分析变电站自动化系统漏洞的内容和评估的必要性。

一、变电站自动化系统简介

（一）变电站自动化系统的概念

变电站自动化系统以计算机技术为核心，将变电站二次设备管理的系统和功能进行重新分解、组合，以及互联，便于各个设备之间进行数据共享和信息交换，最终对变电站的运行过程进行监视和控制。其中，变电站二次设备主要包括控制装置、信息装置、测量装置、保护装置、自动装置和远动装置等。

（二）变电站自动化系统的功能

变电站自动化系统是调度自动化系统的重要组成部分，其主要功能是完成遥信、遥测、遥控，以及遥调等任务，如图4-1所示。

（三）变电站自动化系统的作用

变电站自动化系统是指一种综合性自动化系统，具有对变电站进行自动监视、测量、控制，以及协调的功能，是智能电网的核心和基础，同时是新建变电站首选的监控模式，具有以下作用：

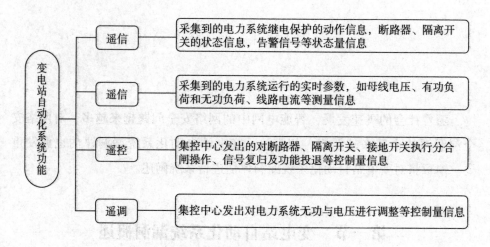

图 4-1　变电站自动化系统的功能

（1）节省电缆。

（2）缩小控制面积。

（3）积累设备运行数据。

（4）提高监控水平。

（5）节省人力。

综上所述，变电站自动化系统将自动化技术、通信技术和计算机技术等集于一身，不仅可以收集到全面和系统的数据信息，还可以进行高速计算和科学判断，是实现智能化管理变电站及其设备的必要系统。

二、变电站自动化系统漏洞的内容

随着变电站自动化系统的发展和应用，由于生产厂家对变电站自动化系统的作用、结构、功能，以及各项技术性能指标了解不够透彻，加上电力公司工作人员对该系统的认知不够清晰，其变电站自动化系统设计漏洞较多，主要体现在以下方面：

（一）技术标准漏洞

由于变电站自动化系统尚没有统一的标准，无论是自动化系统模式还是自动化技术标准，抑或是自动化系统管理等，均缺乏统一的标准，这导致了技术标准方面的漏洞。

（二）不同产品的接口漏洞

变电站自动化系统中有很多接口，包括保护与通讯控制器接口、小电流接地装置与通讯控制器接口、通讯控制器与主站接口、故障录波与通讯控制器接口等。

这些产品设备和变电站自动化系统的连接，需要软件人员花费大量的时间和精力进行数据格式的调试、接口的调试等。一旦这些数据接口不能遵循开放的、统一的标准，就会造成大量漏洞，为攻击者提供"可乘之机"。

（三）传输规约和传输网络漏洞

变电站自动化系统传输规约和传输网络的标准是其标准化和规范化的前提和基础，只有实现传输规约和传输网络的标准化，才能实现变电站自动化系统中设备的互换性。

变电站和调度中心之间的传输采用各种形式的规约（如 SC-1801、DNP3.0 等），这些传输规约并没有统一。此外，站内局域网的通信规约、电力系统的电能计量传输规约等均未得到统一和标准化，由此产生的漏洞给攻击者进行攻击行为提供方便，产生严重的威胁。

（四）变电站自动化系统开放性问题

变电站自动化系统需要实现不同设备之间的互换性，即需要具有一定的开放性和扩展性，以接入不同产家生产的设备和利用不同的自动化技术。

然而，变电站自动化系统并不能满足上述要求，设备之间存在接口困难，有的甚至不能进行连接，导致变电站自动化系统重复开发和购买设备，在浪费大量人力、物力的同时，为变电站自动化系统的维护和管理带来严重威胁。

（五）变电站自动化系统组织模式问题

变电站自动化系统模式的选择应当科学合理，这样不仅可以节省资金和资源，还可以建立起系统功能全、可靠性高、可信度大、易于运行操作的变电站自动化系统。

变电站自动化系统的组织模式主要有 3 种类型，即集中式、全分散式、分散与集中相结合模式，这 3 种模式类型均有各自的优缺点，需要电力公司根据自身的实际情况进行灵活选择。一旦不能科学合理地选择合适的组织模式，将会导致变电站自动化系统浪费资源和时间，同时也会导致变电站自动化系统工作效率低下，带来严重的后果。

三、变电站自动化系统漏洞评估的必要性

变电站自动化系统漏洞评估，有助于及时调整和改进变电站自动化系统的完整性，做到"以评促建"。

首先，通过评估变电站自动化系统漏洞，电力公司工作人员能够对变电站自动化系统有全面且系统的了解，清楚变电站自动化系统所存在的问题和漏洞，有助于后续智能电网的建设工作。

其次，评估变电站自动化系统是电力建设和市场的需要，有助于智能电网的平稳运行，将风险和问题扼杀在摇篮之中，降低变电站自动化系统的建设成本，同时提高电力公司的生产水平和质量，为电力公司检测变电站提供更好的监控模式和途径。

最后，变电站自动化系统漏洞评估在解决变电站相关问题方面有着重要的价值。通过完善变电站自动化系统漏洞，在该系统检测变电站的运行状况时，其功能和作用将会更加全面，其工作效率将会更高，进而推动智能电网的建设工作。

第二节　变电站自动化系统漏洞评估原则

为了更全面、系统地进行变电站自动化系统漏洞的评估，应遵循以下原则：

一、可操作性原则

可操作性原则指在对变电站自动化系统的漏洞进行评估时，采取的评估指标和评估内容应当具有实施的可行性和可靠性。即评估指标的选取必须考虑获取数据的难易程度，遵循可操作性原则，这样才能建立切实可行的评估体系和评估方法。

二、指导性原则

指导性原则指在评估变电站自动化系统漏洞时，采取的评估方法应当为

变电站自动化系统的安全完善提供指导和依据，具有一定的前瞻性和指导性，其要求如下：

（1）相关评价指标应当具备科学的引导作用。

（2）相关评价指标应当反映出变电站自动化系统安全的趋向性。

三、定性和定量相结合原则

在选取变电站自动化系统漏洞评估指标时，评估人员应当遵循定性与定量相结合原则，以科学合理地制定和选取评估指标。如果只选择定性原则或定量原则，难免会出现主观性太强或客观性太强的情况，最终出现不公正的、有失偏颇的评估结果。

第三节　变电站自动化系统漏洞评估阶段

变电站自动化系统漏洞评估分为 5 个阶段：一是规划阶段，二是检查技术阶段，三是目标识别和分析阶段，四是目标漏洞验证阶段，五是后期处理阶段。

一、规划阶段

规划阶段的关键部分是明确评估测试的范围，其前提是不会对正常运行产生负面影响，因此需要建立维护类似配置的代表性测试环境，评估重点包括控制中心、变电站，以及相关通信协议。

（一）控制中心

控制中心的组成包括一组操作员／工程工作站、控制服务器、网络基础架构 3 个部分，其操作环境和包含 Windows/Unix 系统和路由器等在内的传统 IT 系统类似，支持 Web 服务、认证服务和数据库等其他服务，具体系统如下：

（1）SCADA/EMS 服务器系统：主要用于执行检测、控制和状态评估任务。

（2）HMI 系统：主要为 SCADA/EMS 系统提供操作员界面。

（3）数据库：主要用于维护趋势分析的历史控制系统数据。

通常，控制系统和其他公司局域网或其他第三方保持连接，强调对远程访问的检查能力，因此在对控制中心及其环境进行评估时，应当评估以下指标：

（1）是否通过路由和防火墙规则进行适当的网络隔离。

（2）是否进行适当的修补和系统配置。

（3）实施用于服务的 DMZ 是否需要通过控制公司环境进行访问。

（4）充分的认证和授权是否得到执行。

（二）变电站

在对变电站进行评估时，评估人员需要从以下方面进行具体评估：

（1）识别所有现场设备网络功能是否全面。

（2）评估控制中心或其他变电站之间受密码保护的网络通信。

（3）评估所有现场设备管理 / 行政功能的认证。

（4）评估审计控制 / 检测功能，并评估认证尝试和设备重新配置。

（三）通信协议

和传统 IT 环境中的协议不同，控制系统中使用的协议是在现代网络安全问题扩散之前设计的，因此有自身的缺点和优点。下面主要对多种通信协议进行阐述，指出在评估过程中需要检查和注意的必要安全问题。

1.DNP3 协议

在变电站自动化系统中，分布式网络协议是比较常见的协议，已经应用多年。

在 DNP3 协议中，通常以主 / 从模式运行，其中主机为控制服务器或 RTU，而从机则为现场设备或外站。使用这种协议或模型，可以实现主机"一对多"传输或接收数据的目标。

评估人员在检查和评估分布式网络的安全性时，可以从以下方面进行评估：

（1）评估识别所有 DNP3 流量的通信路径。

（2）评估识别需要认证的所有功能或对象。

（3）评估识别通过其他方式保护的所有通信。

（4）对所得到的命令 / 响应认证进行验证。

（5）分析密钥更新交换。

2. IEC 61850 协议

国际电工委员会提出的面向对象识别变电站组件的方法，不仅可以改进安全机制（包括认证和加密机制），同时可以简化配置和互操作性，即 IEC 61850 协议。

IEC 61850 协议是一种可以发送各种类型信息的复杂协议，其通用面向对象包括 GOOSE、SMV，以及 GSSE。

评估人员在检查和评估 IEC 61850 协议的安全性时，可以从以下方面进行评估：

（1）识别所有流量的通信路径。

（2）识别网络设备上的 VLAN 802.lq 配置。

（3）识别使用数字签名或加密。

（4）检查证书分配和 CA 的授权。

3. 支持协议

在控制系统中发现了许多常见的 IT 协议等支持协议，并引入了安全性问题。虽然经常使用 DNS，但是由于它依赖于互联网访问，因此它可能是有问题的，比如它可以为攻击者提供隐蔽的信道。

因此评估人员应该检查 DNS 的使用情况，以确保不引入不必要的外部接入点。

二、检查技术阶段

检查技术涉及从系统和网络中获得的数据（如网络设备配置/规则集、系统配置文档/文件、网络流量数据等），其目的是对这些数据进行非侵入性分析，在电网评估中起着关键作用。

检查技术阶段需要的常见检查工具包括 Bandolier、Wireshark、NetAPT、Sophia 等，如表 4-1 所示。

表 4-1　检查技术阶段常见的检查工具

工具名称	目标漏洞	领域支持	负面影响
Bandolier	SCADA 控制软件配置	全领域	低

工具名称	目标漏洞	领域支持	负面影响
Wireshark	网络配置和认证 / 加密验证	全领域	低
NetAPT	防火墙规则集配置	全领域	无
Sophia	网络配置和认证 / 加密验证	全领域	低

（一）系统配置检查

系统配置检查的目的在于确定潜在漏洞的非侵入性方法，与当前系统状态的配置文件和执行命令息息相关，主要通过连接系统任何已知的安全基准，经过比较和检查，进而确定潜在的漏洞。

因此，评估人员可以对系统配置进行检查和评估，以更好地检测出潜在的漏洞，维护变电站自动化系统的安全。

（二）网络设备配置 / 规则集

在安全评估方面，确定和评估网络架构是其基础和前提，评估人员需要对网络设备配置进行检查和评估，以完善和加强智能电网系统所需要的网络架构。

在对网络设备配置和防火墙规则设定进行评估的过程中，相关工具的使用十分重要，破解防火墙规则和网络设备配置相对困难，且各种设备之间往往存在较高的互联性。因此，需要使用某些工具协助上述评估任务，如NetAPT等，可以有效验证防火墙规则是否符合以前的安全标准。

总之，评估人员需要科学合理地使用相关工具，为配置分析提供更多的参考。

（三）网络流量检查

网络流量检查是被动发现各种网络通信的检查方法，可以分析各种安全相关信息（如加密和身份认证信息等），同时有助于评估者理解和掌握很多系统、协议和端口。

很多软件工具具有网络嗅探的功能，如Wireshark可以通过IT和SCADA协议进行协议解析，用于过程控制的对象链接和嵌入。

需要注意的是，网络流量检查虽然可以帮助了解网络中运行的系统和服务，但不能对网络活动进行深入分析，如果服务和系统仅进行瞬时通信，则其可能无法被嗅探器检查出。同时，网络流量检查无法精确地从通信中提取所有的服务配置，因此评估人员需要科学地选择网络流量检查工具和方法，并对其进行评估和检测。

三、目标识别和分析阶段

在对变电站自动化系统进行初步检查之后，需要对目标识别和分析进行更为深入的具体组件分析，应当在有代表性的测试环境中进行，主要包括以下内容：

（一）网络发现

网络发现涉及探测系统中的各种地址，其目标是发现所有操作系统和服务。网络发现阶段通常应用各种类型的扫描工具，发送各种探测数据包以识别操作服务，主要包括两种方式：一是使用 ICMP 协议的端口扫描，其目的是确定活动系统；二是使用 TCP/UDP 的端口扫描，其目的是识别开放端口。

NMap 端口扫描工具提供着众多网络探针和报告功能，得到广泛应用，具体扫描功能如下：

（1）ICMP 扫描。

（2）ARP 扫描。

（3）UDP 扫描。

（4）具有各种标志配置的 TCP 扫描。

（二）漏洞扫描

漏洞扫描是利用网络检测方法对操作系统和网络服务进行评估，其目的是识别漏洞。

漏洞扫描是确定未打补丁的软件和默认 / 不安全配置的有效方法，通过网络探测器识别已知漏洞特征的数据库，可以检查全系统的系统和服务。

Nessus 是应用较为广泛的漏洞扫描工具，适用于众所周知的操作系统，而随着传统 IT 漏洞的全面集成，该工具的数据库有所完善，已经添加各种控制系统的漏洞。常见的识别和分析漏洞工具如表 4-2 所示。

表 4-2　Nessus 识别和分析漏洞工具

工具	目标漏洞	支持领域	负面影响
NMap	网络配置和服务 / 操作系统检测	部分	高
Nessus	操作系统 / 服务漏洞和配置	部分	高

需要注意的是，漏洞扫描技术仅限于网络探测，其信息收集数量难免有限。

四、目标漏洞验证阶段

很多协议和软件平台中的漏洞并不为人所知，需要在目标漏洞验证阶段证实，以更好地规避以前确定的漏洞问题。因此，目标漏洞验证阶段在电力网络漏洞评估中起着关键作用。

目标漏洞验证阶段通常有很多干扰性较强的因素，往往会使得系统处于不稳定的状态，为最大限度避免上述情况的发生，这个阶段的活动需要在测试环境中而非关键的操作系统中进行，并需要选择某种工具协助目标漏洞验证，如 Metasploit 框架等漏洞开发工具，其具有 SCADA 系统特有的功能，可以补充传统 IT 漏洞集。

五、后期处理阶段

在后期处理阶段，评估人员需要评估漏洞对变电站自动化系统的影响，以及潜在影响，并确定减排技术和报告责任。

在这一阶段，评估人员可以通过各种定性或定量的方法，在 IT 系统中分析漏洞对变电站自动化系统的影响。需要注意的是，这些定性和定量的方法有些并不针对智能电网等系统，因此评估人员需要进行科学和灵活的选择，也可以创新漏洞评估方法以检测实际物理影响。

同时，电网的减排工作和传统方法亦有所不同。一般情况下，软件和现场设备并不支持升级，且缺乏远程可访问性。这些因素的存在无形中增加了电网减排工作的成本和难度。因此，评估人员可以采取重新配置网络或增强检测能力等方法开展电网的减排工作，以保证评估结果的客观性和科学性。

第五章　智能电网能源管理系统与控制系统安全

随着智能电网的发展和成熟，电力安全问题越来越突出，各种新型攻击和安全事故层出不穷。

本章主要介绍智能电网能源管理系统与控制系统，包括能源管理系统、控制系统的基础知识，能源管理系统，以及控制系统遭受的新型攻击和安全事故，并以 SCADA 系统为例，对其安全问题进行总结，旨在帮助智能电网工作人员掌握保证智能电网安全性的技术和策略。

第一节　能源管理系统与控制系统简介

随着电力输、配电系统现代化进程的发展，我国有必要维护可靠且安全的电力基础设置，以满足人们不断增长的用电需求。

一、能源管理系统

随着社会经济的不断发展，为减少不必要的能源浪费，便于对能源进行系统、全面的管理，能源管理系统应运而生。

能源管理系统是一种安全可靠的智能能源分配系统，可以满足用户的能源需求，具有以下五大特征。

（1）基于现代数字通信和控制技术，在能源分配上具有可靠性、安全性，效率较高。

（2）整合自动化、实时、交互式等需求响应技术，不断优化能源生产、分配、传输的零售家用电器和设备。

（3）整合天然气行业、煤炭行业、电力行业等涉及能源生产和销售的行业。

（4）向用户提供实时的信息和控制选择。

（5）部署先进的电力存储和调峰技术。

总之，智能电网系统具有安全可靠、智能分配的特点，不仅可以通过数字通信技术等将能源从供应商提供给用户，还可以有效地减少不必要的能源浪费，对维护地球生态环境有着莫大的裨益。同时，智能电网系统应用数字信息管理和电表系统实现对现有能源的全方面覆盖，为实现电网系统的自动化和互联互通提供着新的思路和方案。

二、控制系统

当能源分配基础设施向智能电网转化和发展时，控制系统的存在必不可少，其可以将新的组件和旧的组件组合，对传统基础设施和电力系统进行有效管理和控制。

（一）控制系统的类型

控制系统有两种主要的类型，即 DCS 系统和 SCADA 系统，前者通常在小的地理区域内或单个发电厂内使用，后者通常用于地理分配的、大型的电力配送。例如，一家公用事业企业可能会使用 DCS 系统进行发电，会使用 SCADA 系统进行配电。

（二）控制系统的作用

对于很多关键基础设施和行业（如电网、天然气、废水处理行业）而言，控制系统主要用于检测和控制敏感过程和物理功能，是必备的基于计算机的管理系统。

电力公司需要将数据网络（即互联网）和控制系统结合和互联，以更好地部署和控制智能电网系统。

通常情况下，控制系统会从现场收集传感器的测量和运行数据，并对这些数据进行处理和分析，随后将控制命令中继到本地或远程设备中，对远程设备进行管理和控制。不仅如此，控制系统还可以执行附加的控制功能，如操作断路器和轨道转辙器，以及调节数值以管理管道中的流量。

第二节　能源管理系统与控制系统的典型事故

一直以来，能源管理系统和控制系统遭受黑客攻击的新闻屡见不鲜，对社会经济造成严重影响。例如，2000 年，一名澳大利亚男子入侵玛鲁奇市的计算机化学废物管理系统，导致 20 万 gal（1 gal=3.785 411 78 L）原污水泄漏，对当时的公园和河流造成严重污染。又如，2007 年，在美国国土安全部进行的模拟极光发生器测试中，黑客利用控制系统中的漏洞，远程访问爱达荷国家发电机室，最终销毁价值 100 万美元的设备。

总之，黑客或入侵者攻击能源管理系统和控制系统的事情有很多，这里介绍几个典型的、具有代表意义的事故（如表 5-1 所示），旨在帮助智能电网工作人员总结经验和教训，最大限度地避免或预防相关攻击事故。

表 5-1　能源管理系统与控制系统的典型事故

时间	事故经过或方法	事故的影响	事故原因
2003 年	美国东北部和中西部地区，以及加拿大安大略省发生大范围停电，其通用电气公司的主服务器发生崩溃	影响安大略省和美国 8 个州的 4500 万人正常用电	通用电气公司的基于 Unix 的 XA/21 能源管理系统软件出现漏洞，错误中断第一能源控制的工作，且当事故发生后，警报系统发生事故，运营商并未收到图像警报和系统状态发生重要变化的通知，安全机制不够完善
2007 年	声称是加拿大公共雇员联合会（Canadian Union of Public Employees，CUPE）的一名成员入侵温哥华的城市计算机系统，不仅攻击了该市的红绿灯系统，还将计算机的时钟延迟了 7 小时	导致本应在午夜运行的交通信号灯在上午高峰时段管理交通	计算机系统被攻击
2009 年	存在 11 次对全球石油、能源公司进行的隐蔽性、针对性的网络攻击，其过程如下：首先通过结构查询语句注入技术危及公司的外网 Web 服务器，进而进入该公司内网访问比较敏感的服务器，甚至进一步连接到其他机器或互联网通信	获取公司的电子邮件和敏感文件	公司外网 Web 服务器安全性不够敏感，不能及时检测出病毒或恶意软件

时间	事故经过或方法	事故的影响	事故原因
2009 年	在内华达州拉斯维加斯的黑帽大会上，迈克·戴维斯（Mike Davis）展示模拟环境时，利用某未命名品牌的智能电表设计缺陷攻击该智能电表	在 24 小时内控制 15000 个智能电表（共有 22000 个智能电表）	智能电表存在设计缺陷
2010 年	震网（Stuxnet）病毒蔓延到世界各地，对 SCADA 系统造成严重破坏（伊朗约有 59% 的系统感染此病毒），通过攻击具有可变频率的驱动器的 PLC 系统（频率在 807 ~ 1210 Hz 之间），并定期将频率设为 1410 Hz，进而对频率进行特定修改，以改变转速来影响连接电动机的运行	对 SCADA 系统产生严重威胁，影响控制设备的生产	应用 4 个零日漏洞感染西门子 SCADA 和 HMI 系统
2011 年	NSS 实验室研究人员对几个 SCADA 系统进行测试，并发现西门子 PLC 和 SCADA 系统的几个漏洞	西门子 PLC 和 SCADA 系统在世界上应用广泛，控制着核电设备、商业制造设施、铀浓缩工厂设备等，一旦被攻击发生崩溃或破坏，就会产生难以预料的后果	SCADA 系统存在漏洞

因此，智能电网工作人员有必要掌握和了解能源管理系统和控制系统的典型事故，并在此基础上，不断进行反思和总结，采取一定的措施，尽量避免或预防事故的发生。

第三节　SCADA 系统安全概述

由于 SCADA 系统可以检测和控制敏感过程，是某些基础设施的"大脑"，一旦其安全性受到威胁，往往会产生难以预料的后果，因此，智能电网工作人员必须了解相关威胁因素和挑战等，并采取相关措施以有效保障 SCADA 系统的安全。

一、SCADA 系统通信类型及配置

在 SCADA 系统中，通常使用轮询响应模型和明文信息进行通信，轮询信息通常很小（一般 <16 B），得到的回复既有可能是简短的"我在这里"，又有可能是一整天的数据转储，某些 SCADA 系统可能会允许远程单元的主动报告。

（一）SCADA 系统的通信类型

SCADA 系统控制中心和远程站点之间的通信类型可以分为以下几种，如图 5-1 所示。

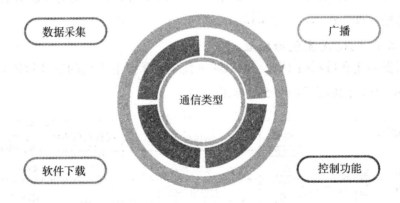

图 5-1　控制中心和远程站点之间的通信类型

1. 数据采集

数据采集过程如下：控制中心向 RTU 发送轮询信息，然后 RTU 将数据（包括状态扫描数据和测量值扫描数据等）转储到控制中心。

在这一过程中，控制中心会定期向远程站点发送状态扫描请求和测量值扫描请求，以获得相关数据，然后 RTU 将这些数据转储到控制中心，最后控制中心的 FEP 将这些数据转换为工程格式，以方便相关管理人员查看。

2. 软件下载

软件下载是控制中心将固件下载发送到远程站点之中的过程，在这一过程中，轮询信息容量将会比其他情况更大。

3.控制功能

控制中心和远程站点通信的另一类型是控制中心向远程站点的 RTU 发送控制命令。

在这一过程中，控制中心的控制命令分为 4 种：一是控制单个设备（如关闭或打开远程设备）；二是调节远程设备的控制信息（如降低或提高远程设备的某些数值）；三是发送顺序控制方案（即一系列相关的单独控制命令）；四是发送自动控制方案（如对远程设备发出闭合控制环路命令）。

4.广播

广播是控制中心向多个远程站点的 RTU 发送广播信息，如控制中心广播紧急关闭信息。

在传统 SCADA 系统中，控制中心和远程站点之间的通信链路有着非常低的传输速度，在 300 ～ 9 600 bit/s 之间。

（二）SCADA 系统的配置

根据用途和目标的不同，SCADA 系统的部署具有不同的型号和技术，简单的 SCADA 系统配置如图 5-2 所示。

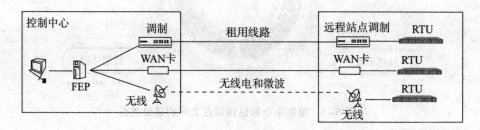

图 5-2 简单的 SCADA 系统配置

其中，WAN 指广域网，SCADA 系统的控制中心通过无线电和微波、租用线路等方式收集远程站点中的相关信息或对其发送控制命令，实现对远程站点的控制和管理。

实际上，为更好地监测和控制远程站点，SCADA 系统的配置更加复杂，典型的 SCADA 系统配置如图 5-3 所示。

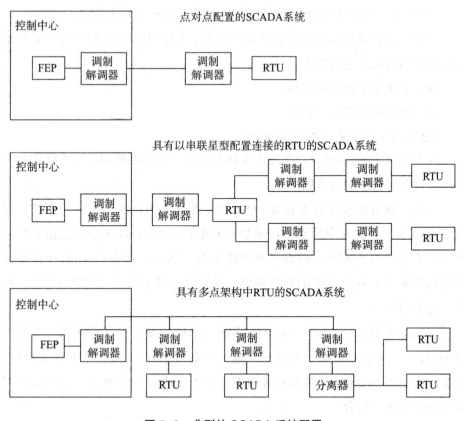

图 5-3　典型的 SCADA 系统配置

二、SCADA 系统的风险因素和面临的挑战

（一）SCADA 系统的风险因素

设计 SCADA 系统的目的并不是公共访问，因此通常 SCADA 系统会缺乏基本的安全性，加上互联网技术的发展，SCADA 系统的关键安全漏洞逐渐被人们发现，这为潜在攻击者（黑客、恐怖分子等）提供了可乘之机。如果 SCADA 系统被上述潜在攻击者控制和访问，将会带来不可想象的后果。因此，智能电网管理人员有必要掌握 SCADA 系统的风险因素，以确保配电的安全、可靠和高效。

潜在攻击者会采取以下一种或多种方式攻击 SCADA 系统：

（1）更改远程站点 RTU 中的编程指令进程（未经授权），导致远程连接过程关闭和设备损坏，甚至会禁用控制设备。

（2）延迟或阻止信息流，以达到控制网络来实施拒绝服务攻击的目标。

（3）向控制系统运营商发送虚假的信息，伪装未经授权的更改或对系统运营商的不当操作进行攻击。

（4）干扰安全系统的运行。

（5）修改控制系统的软件。

（二）SCADA 系统面临的挑战

SCADA 系统面临的重要挑战主要体现在安全技术的限制、安全性的冲突优先级以及经济限制等方面。

首先，现有的安全技术在保护 SCADA 系统方面存在一定的局限性，授权安全技术、认证安全技术，以及加密安全技术对 SCADA 系统提出更高的要求，需要其具有宽带、内存和处理能力等。然而，现有的 SCADA 系统经常使用低成本且资源受限的微处理器，导致安全技术没有"用武之地"，存在一定的局限性。

其次，在组织内部关于 SCADA 系统安全性的冲突存在优先级。要想保证 SCADA 系统和其他网络集成到一起，就必然牺牲 SCADA 系统的安全性。例如，在进行 SCADA 系统远程连接时，必然会存在安全漏洞，这时需要对安全性冲突进行取舍。

最后，SCADA 系统发展受到经济方面的限制。要想更好地发展 SCADA 系统，需要大量的资金购买技术和设备。然而，当前 SCADA 系统的很多技术尚未完全成熟，企业对此也不甚重视，因此，在经济方面受到一定限制。

三、SCADA 系统远程连接安全设计

控制中心和 RTU 之间的 SCADA 系统通信链路往往既不需要认证，又不需要加密，无法有效保证通信安全。因此，此处是最容易受到攻击的地方。

（一）SCADA 系统通信链路安全的思路

为有效保证 SCADA 系统远程连接的安全性、加强关键基础设施、保护网络安全，AGA SCADA 加密委员会提出对 SCADA 通信链路进行加密和认证，并提出切实可行的对策，即隐藏嵌入 SCADA 系统的加密模块。其具体思路如下：将 SCADA 系统的加密模块附加到调制解调器中，然后对调制解

调器之间的所有信息进行认证和加密,最后达到保证 SCADA 通信链路安全的目的。

（二）SCADA 系统通信链路安全的挑战

然而,由于 SCADA 系统的限制,虽然 AGA SCADA 加密委员会已经确定加密模块的基本要求,但仍旧缺乏切实可行的密码协议,其挑战主要体现在以下几个方面,如图 5-4 所示。

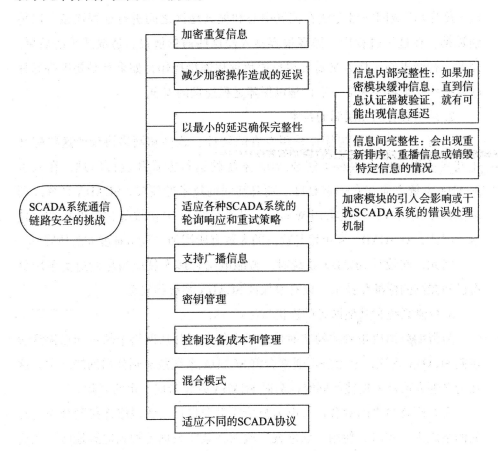

图 5-4 SCADA 系统通信链路安全的挑战

随着 SCADA 系统链路通信安全研究的深入发展,科研人员对上述挑战有了新的突破和解决方案。例如,Wang 通过设计高效的加密机制,构建加密模块,也就是构建 sSCADA（即安全 SCADA）的插件设备,可以保证所有通信链路被认证和加密。除此之外,还可以将认证的广播协议添加进来。

（三）SCADA 系统风险升级的因素

SCADA 系统风险升级的因素主要包括不安全的远程连接、采用具有已知漏洞的技术、控制系统和其他网络的连接、有关控制系统的技术信息可用性四类。

1. 不安全的远程连接

电力公司往往需要对偏远地区的电力系统进行远程控制，这有时会成为攻击者攻击 SCADA 系统的机会。例如，电力公司经常使用互联网和无线电／微波／广域网或者专线在控制中心和偏远地区之间进行远程连接，以传输数据。在这一过程中，黑客很容易入侵这些通信链接，造成严重的后果。因此，智能电网工作人员需要尽量避免远程连接操作，如果有必要进行远程连接操作，则需要采取一定措施以保障远程连接的安全。

2. 采用具有已知漏洞的技术

以前，SCADA 系统往往采用专有的硬件、软件和网络协议，这些标准化技术使得攻击者很难了解 SCADA 系统的运行方式和运行原理，在入侵 SCADA 系统方面存在一定难度。随着互联网技术的发展，SCADA 系统逐渐和其他系统结合，往往采用 Windows 操作系统和 IP 协议等常见的标准化技术。因此，对 SCADA 系统发起攻击的人数有所增加，攻击难度亦有所降低。

因此，在设计 SCADA 系统时，智能电网管理人员应当尽量避免采用具有已知漏洞的标准化技术，以有效保证 SCADA 系统的安全。

3. 控制系统和其他网络的连接

为帮助公司决策者访问实时信息或方便工程师从网络中的不同点检测和控制 SCADA 系统，电力公司通常会将 SCADA 系统集成到公司网络之中。这在为管理人员带来便捷的同时，会对 SCADA 系统造成一定的风险。

为方便公司之间的合作，电力公司通常会将自己的网络连接到合作公司的网络之中，有时会使用互联网或广域网将某些数据传输到边远地区。在这一过程中，SCADA 系统难免会连接其他网络，从而在 SCADA 系统中进一步产生安全漏洞。

4. 有关控制系统的技术信息可用性

随着科学技术和互联网的发展，人们随处可以获得免费的知识和技术，尤其是可以公开获得有关 SCADA 系统的重要信息，其来源包括维护文件、支持承包商、前员工等。

这些公开的技术信息具有广泛的应用性，可供潜在攻击者了解和掌握相关基础设施和控制系统，并设法攻击 SCADA 系统，属于常见的风险因素。

四、sSCADA 协议套件

sSCADA 插件设备可以有效保证 SCADA 系统中通信链路的安全，解决部分 SCADA 系统通信链路安全问题，其具体的机制如下：在控制中心的 sSCADA 设备（称为主 sSCADA 设备）和安装在远程站点的 sSCADA 设备（称为从 sSCADA 设备）可以进行点对点通信，但同时不需要额外的传输开销，其过程如图 5-5 所示。

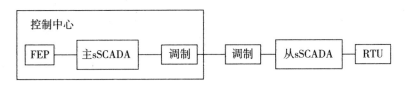

图 5-5　具有点对点 SCADA 配置的 sSCADA

每个主 sSCADA 设备可以和多个从 sSCADA 设备进行通信，并将其认证信息广播到多个从 sSCADA 设备中。

（一）实现语义安全性的措施

语义安全属性的作用是确保窃听者没有明文的信息，即使得窃听者看到相同明文的多个加密，其目的是确保攻击者即使知道相同密钥加密的多个明文，也无法准确获知其中的真实信息，具有防止信息泄露的作用。

在 sSCADA 协议套件之中，为降低 sSCADA 设备和管理的成本，同时实现语义安全性，可以采取以下措施：

（1）在设计 sSCADA 机制时，采用对称密钥加密技术，而非公共密钥加密技术。后者不但加密运行缓慢，而且引入 SCADA 协议时可能引起不可接受的信息传输延迟。

（2）设计不同的加密机制实现语义安全性。由于 SCADA 通信链路传输信息的速率较低，可能低至 300 bit/s，而通信过程需要立即响应，因此两个通信方之间可以共享两个计数器，以保证及时响应。

（3）将计数器的最初数值设置为 0，且保持在 128 bit 的状态，以确保计数器的数值不会重复，有效避免重播攻击。同时，针对 sSCADA 协议套件提出简单的计数器同步协议。

（4）为两台 sSCADA 设备建立安全的信道。其中，主密钥需要在部署时添加到两台设备之中，并用该密钥识别安全信道建立的其他信道。

（二）建立计数器同步协议

在点对点信息加密和认证协议之中，如果 sSCADA 的设备 A 和设备 B 均指导对方的计数器值 C_A 和 C_B。为保证 SCADA 系统可靠安全地通信，有必要提出计数器同步协议，以避免接收信息延迟现象的发生。

注意，双方设备任意一方均可以启动计数器同步协议。

第六章　智能电网安全"最后一公里"

所谓"行百里者半九十",不到最后一刻不能放松。同样,在智能电网安全方面,在距离用户"最后一公里"的路程中,必须保持智能电网控制信息的可用性、完整性、机密性和真实性,因此应当采用加密技术以维持智能电网系统的稳定运行。

本章主要介绍"最后一公里"智能电网系统架构、智能电网对电力系统稳定性的影响、现场网络和邻域网络面临的威胁,以及 AMI 系统的安全等内容。

第一节 "最后一公里"智能电网系统架构

在智能电网中,"最后一公里"是将本地变压器和用户进行连接,以实现电力公司和用户实时互动,其最终目的是提高管理能源的生产、分配和使用效率。

智能电网的两个主要目标是数据收集和设备控制,收集的数据主要包括能源使用、本地电压、功耗、无功功率和设备在不同位置的操作状态等;控制的设备主要包括补偿电容器、变压器抽头、分布式发电机组等。

其中,信息通信的流畅和准确是完成上述任务的基础,如果不能及时提供准确、有效的信息,智能电网系统的运行将受到严重影响,甚至造成局部和区域断电、连接设备损坏等问题。同时,收集的信息如果不能得到有效保护和保密,而被未经授权的第三方获取,就会造成信息泄露和非法利用,对智能电网的平稳运行造成较大的破坏。

因此,智能电网工作人员必须做好"最后一公里"的智能电网安全规划和设计,以有效保证传感器数据和控制设备信息的安全性和隐私性。

一、"最后一公里"智能电网系统作用和架构模型

"最后一公里"智能电网连接着用户终端设备和电力公司中心等机构，负责用户的计量信息并提供需求响应能力。

目前，美国国家标准与技术研究所、美国电力科学研究院，以及电气与电子工程师学会等组织已经构建出智能电网的架构模型，或许可以为我们提供一些参考和借鉴。

"最后一公里"智能电网系统架构，包括配电设备和交叉通信网络两个部分，前者包括智能电表、电线等硬件设施，主要用来承载电流，维持家庭供电的正常；后者包括家域网、邻域网等通信网络，主要用来传输数据。"最后一公里"智能电网系统架构模型如图 6-1 所示。

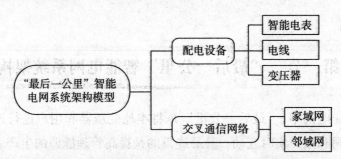

图 6-1　"最后一公里"智能电网系统架构模型

二、"最后一公里"智能电网系统架构重点

（1）"最后一公里"智能电网系统架构的重点在于智能电表，通过智能电表将家庭中的其他网络进行连接，以实现向用户发送定价信号或控制设备的目标，因此智能电表需要连接到更高层次的集中网络电力系统之中，进而实现更高层次的控制和传输。因此，在架构"最后一公里"智能电网系统时，可以将智能电表和本地的电表网络进行连接，进而实现向电力公司和用户的信息传输。

（2）"最后一公里"智能电网系统架构的重点在于传输网络。传输网络的目标是提供态势感知能力，并将相关数据传送到电力公司，因此需要借助监测和控制电网的技术，以确保其数据可以同步并支持 SCADA 系统。其中，

通常使用家域网传输数据，这是因为家域网和其他网络相比，具有得天独厚的优势，体现在以下方面：

①可以在短距离内将来自多个设备的极高数据速率穿透墙壁。

②其通信系统的信道可以处理多个设备的干扰，并可靠运行。

③其使用的通信方式是无线的，较为美观和便捷。

④具有较小的冗余和较高的安全性。

第二节　安全和隐私规划

安全和隐私规划是智能电网系统的核心和关键，在"最后一公里"智能电网架构中做好安全和隐私规划工作，能够保证智能电网通信网络的顺利运转，达到应有的效果和目的。

本节主要介绍智能电网系统"最后一公里"的安全和隐私规划，旨在帮助智能电网工作人员掌握智能电网的安全设计方法。

一、风险评估和安全规划

对智能电网"最后一公里"来说，其安全和隐私面临着更高的风险，攻击者甚至可以直接修改智能电表中的数据或对智能电表进行物理改动。因此，为保证智能电表的安全和隐私，工作人员需要对其进行系统风险评估，进而降低智能电网"最后一公里"的风险，完善智能电网系统的安全性，消除潜在的威胁。

风险评估主要检验对手、目标和威胁等风险，其中对手可能是内部人或外部人，有可能具备物理访问的权限，可以从以下方面着手。

（一）电力公司

电力公司需要制定详细而具体的规章制度评估对手和威胁，将不安全因素扼杀在摇篮中。因此，需要建立在不同层次和级别的应用安全性的"深度防御"策略，具体包括以下几种：

（1）物理访问控制。

（2）安全日志。

（3）角色限制。

（4）加密。

（5）安全通信。

（6）信息处理程序和审计。

除此之外，电力公司需要对智能电表进行实时监督和控制，如果发现智能电表数据异常，就启动必要的预防措施，如向用户发送警报信息等。

（二）家庭用户

家庭用户作为智能电网系统的终端，需要采取必要的物理措施保护智能电表的安全，进而保护自身电表不被攻击和改动，实现和电力公司的实时互动。

同时，家庭用户需要及时关注自身的智能电表，一旦发现异常，立即向电力公司发送相关信息，并找专业人士进行维修。

工作人员通过对上述因素和功能的风险评估和安全规划，并对其可能存在的风险做出应对措施，可以做到防患于未然，对改进和完善智能电网的安全具有重要的价值。

二、"最后一公里"智能电网安全设计规划

为合理规划"最后一公里"智能电网系统的安全设计，智能电网工作人员需要做好或明确以下工作：

（1）明确信任（认证）对象。

（2）了解潜在攻击对系统运行的影响。

（3）即使没有发生中断，也要进行入侵检测，防微杜渐。

（4）在公用事业公司以外的组织（如外包服务、第三方等）维护安全的数据处理程序。

通过对上述问题的了解和掌握，智能电网工作人员能够从多方位、多角度对智能电网系统安全做出科学合理的规划。比如，为了解潜在攻击对系统运行的影响，德国的 AMI 网关采用专门、确定的通信网络，以确保智能电网系统发生故障不会对输电产生影响，依旧可以满足家庭用户的用电需求。又如，为更好地进行入侵检测，家庭用户和网关运行商可以及时观察安全日志和篡改检测。

当然，为更好地规划智能电网的安全设计，还可以采取以下措施：

（1）设置智能电网系统信息的时间戳，以防止攻击重演。

（2）推荐隐藏网络节点、通信路径和电力系统架构，以防止攻击者通过观察失败信息进行尝试响应或获得相关信息。

（3）为智能电表设置网络防火墙和加密措施，以及时发现对智能电表的攻击和威胁，保证智能电表数据的安全性、完整性，以及可靠性。

（4）为用户家庭网络设置入侵检测系统，以及时发现攻击者的攻击行为。

总之，智能电网工作人员需要从安全设计挑战出发，系统地对智能电网安全做出科学规划，这样才能全面保障智能电网系统"最后一公里"的安全和隐私。

第三节　现场网络或邻域网络中的安全威胁

在现场网络或邻域网络的通信过程中，存在很多网络方面的威胁和外部威胁，这严重影响着智能电网安全"最后一公里"的建设。

因此，智能电网工作人员有必要了解和掌握这些安全威胁，以有效地制定出应对或避免这些安全威胁的措施，守好最后"一道关"。

一、常见的现场网络或邻域网络中的安全威胁

在现场网络或邻域网络中，经常会面临数据的安全威胁，其物理层、链路层、网络层、传输层、应用层往往会受到攻击，容易出现数据泄露的风险，主要体现在以下方面，如表6-1所示。

表6-1　现场网络/邻域网络中的安全威胁类型

安全威胁类型	产生威胁的原理	应对威胁的措施
物理层攻击	智能电网通常安装到室外地区的节点，由于人为因素或环境原因，物理层设备很容易遭受物理损坏，如破坏传输介质等，受到安全威胁	应用可以发送安全警报的防篡改设备，在设备中加密，同时部署安全存储加密密钥设备，对链路进行认证检查

安全威胁类型	产生威胁的原理	应对威胁的措施
链路层攻击	在智能电网中允许节点动态离开或加入，导致链路层传送多播信息时遇到安全威胁。同时，如果每秒钟跳数超过 1000，在自组织网络中有可能发生内部干扰，使得网络容易受到垄断可用资源的自私节点的可用性攻击	应用调频扩频（FHSS）可以避免射频频谱的干扰，使得节点难以锁定特定的频率，从而保护链路层的安全。同时，可以降低允许延迟的时间（通常 <3 ms，某些方面允许高达 160 ms），通过限制链路层实施允许的安全措施的最大允许处理时间，更好地保护关键的通信安全。不仅如此，大多数物理层的安全措施还可以有效地保护链路层的安全，如 MAC ID 过滤和 QoS 配置等技术的安全协议，当设备处于关闭状态时允许较长的休眠时间
网络层攻击	网络层攻击包括路由黑洞、女巫节点、蠕虫 3 种类型，在智能电网中，路由表负责将信息传送到正确的目的地，攻击者通常会对路由表展开攻击，使得流量经由攻击者控制的特定节点，进而生成虚假信息或中继可能导致网络阻塞的信息	制作路由表进行网络层的拒绝服务攻击，以中断业务流量和窃听智能电网中传输的信息。同时，如果智能电网系统中被插入未经授权的节点，可能在邻居感知协议上发生的攻击时使用加密、完整性检查和身份认证机制进行预防，但这会导致攻击者利用路由维护程序进行攻击，因此需要谨慎选择
传输层攻击	每个电表内部的通信模块通过串口连接到电表，如果断开串口处的连接，可能导致电表不报告使用情况，攻击传输层数据，威胁现场网络的安全	部署可以检测到串口断开连接和其他类型篡改的智能电表，同时该智能电表应具备向运营商报告的功能，并可以通过电表/通信模块接口减少服务窃取
应用层攻击	主要是对应用程序进行攻击，窃取应用程序的数据	使用和模型相对应的统计数据验证接收到的数据，可以在一定程度上防止应用层攻击

续表

安全威胁类型	产生威胁的原理	应对威胁的措施
互联网协议寻址特定攻击	智能电网通信中通常使用互联网协议寻址,而这会导致保密和授权问题,以及 IP 欺骗、网络攻击或双栈融合等现象,具体包括网络间谍映射到电网,并安装恶意软件破坏服务	进一步规范开发路由器编写 IP 寻址程序,并完善基于 IP 的路由安全措施定义,将一些小的修改添加到智能电网中

二、其他突出的安全威胁

除了上述物理层、网络层、链路层等常见的网络安全威胁,在"最后一公里"智能电网建设过程中,还有很多突出的安全威胁,主要体现在外部因素方面,有以下几种类型:

(一)电网的不稳定性安全威胁

在智能电网中,有很多周边设备都具有一定的智能性(如入口点、处理所有数据的后台管理系统、终端用户的电表等)。

然而,智能电网本身控制和切换功能的智能性有所不足,尚未进行集成开发,形成稳定的智能网络,具有不稳定性,容易受到物理和网络攻击。

(二)后台管理系统的安全威胁

若个人非法访问智能电网管理系统(包括未经授权访问计费系统或其他后台系统),则有可能对后台管理系统造成威胁,导致客户隐私数据泄露,甚至威胁整个电网的可靠性。

不仅如此,通过对存有特殊数据的数据库的访问,攻击者还可以修改协调器响应并关闭电网,会对智能电网造成严重威胁。因此,可以使用强大的验证、多级权限的授权、防火墙的网络访问规则等措施避免后台管理系统受到安全威胁。当然,也可以对数据库、客户信息、密码等进行加密保护,将进入控制系统的权限局限在特定的物体保护站点,这同样可以有效保障后台管理系统的安全。

第四节 AMI 系统的安全性问题

智能电网设施基础的关键组成部分是 AMI 系统，具有重要的作用。

AMI 系统安全需要其遵守相关的安全规范，并确保其顺利实施，以保障系统的可靠性和安全性，并为用户提供必要的信息保障。

一、AMI 系统的组成

AMI 系统包括多个相互连接的组件，这些组件形成网络架构，为电网提供通信功能，进而形成 AMI 系统。其中，突出的组件包括智能电表、客户网关、AMI 通信网络，以及 AMI 前端，如图 6-2 所示。

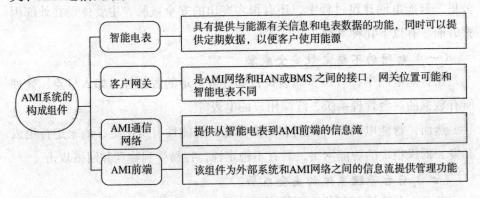

图 6-2 AMI 系统的构成组件

二、AMI 系统的安全性问题类型

AMI 系统面临的安全性问题主要包括 AMI 系统的保密性、完整性、可用性、不可否认性，以及系统授权等方面。

（一）AMI 系统的保密性

AMI 系统的主要保密问题就是保护客户的隐私，每个用户都不希望营销机构、私人公司或未经授权的人员获取自身电力或能源的使用情况。因此，这对电力公司提出了更高标准的要求，即确保不会发生数据泄露的情况。

如果 AMI 系统缺乏保密性，很有可能出现黑客访问客户数据的情况，黑客从这些数据中可以分析出某些地区、哪些房屋是空的或者对电表进行伪装，使用户不知不觉支付邻家的电费，具有十分严重的后果。不仅如此，黑客还可以控制能源使用，随意关闭或开启智能电网中的家用电器。

因此，电力公司或智能电网研究人员必须对 AMI 系统的保密性进行研究，并采取对应的措施维护这些系统的隐私。

（二）AMI 系统的可用性

在 AMI 系统中，确保系统的可用性是其基本保障和基本前提，如果系统中的数据受到影响而不可用，整个系统就会变得不可靠，从而失去原有的作用。

为避免发生这种数据不可用的问题，智能电网工作人员应当提供创造性的方法或安全措施以保证智能电表、客户网关和 AMI 系统之间的数据传输，确保传输信息的准确性和完整性。其中，可用性攻击的检测方法包括自动诊断、网络入侵检测、物理入侵检测，智能电网工作人员可以采用这些方法检测 AMI 系统是否被攻击，以保证系统的可用性。

（三）AMI 系统的完整性

在 AMI 系统中，系统的完整性有两个方面的含义：一是保证数据和命令免受未经授权的更改，保证授权的完整性；二是检测系统是否发生更改，即对智能电表等设备进行监测和保护，避免物理方面和网络方面发生不为人知的变化。

因此，智能电网工作人员需要采取一定措施，有效预防电表受到篡改和破坏，同时在客户网关部分设置监测系统发生改变的措施，以保证及时检测客户网关是否发生异常。

（四）AMI 系统的不可否认性

AMI 系统的不可否认性对所有金融交易具有重要的作用，主要体现如下：确保接收数据的实体以后不会否认接收过数据，如果实体没有接收到数据，那么他们以后不能声称已经接收到数据，这可以有效地保证金融交易的安全性和可靠性。此外，响应的及时性和实际执行控制命令同样重要，需要智能电网工作人员对此重视。

因此，智能电网工作人员需要采取相关措施，以确保 AMI 系统组件的精确时间戳信息和连续时间同步，否则将会导致客户信息、公用事业公司计划中对发电模式和负载等方面的错误。

（五）AMI 系统授权

所谓 AMI 系统授权是授权用户和设备访问资源，以及执行指定操作的权限，有效地保证着 AMI 系统的安全。AMI 系统授权缺失，容易导致 AMI 架构受到网络中恶意元素的攻击。

因此，为保证 AMI 系统授权的安全性，智能电网工作人员需要为用户和设备分配合适的角色，给予其一组权限，以规定用户或设备具备权限的内容，可以做出什么措施等，进而确保 AMI 系统的安全性。其中，可以应用数字证书将其作为授权机制。

三、AMI 系统的主要漏洞

AMI 系统的主要漏洞包括总线监听、明文 NAN 流量、错误加密、直接篡改、加密密钥分配、电表认证缺陷、拒绝服务威胁等漏洞，如表 6-2 所示。

表 6-2　AMI 系统的主要漏洞

AMI 系统漏洞的类型	AMI 系统漏洞产生的原理或表现	应对 AMI 系统漏洞的方法
明文 NAN 流量	随着 AMI 系统的快速发展和规范，供应商可以选择如何实施隐私和完整性控制以保护机密数据，如供应商可以加密 NAN 中的所有流量，而有些供应商则不会使用加密，采用明文 NAN 流量的方式，这是 AMI 系统的漏洞所在	设置产品的加密功能，帮助供应商加密 NAN 中需要加密的流量
总线监听	嵌入式系统广泛应用于 AMI 系统中，在设备很少或缺乏物理保护的情况下，嵌入式系统组件中的接口或微控制和无线电之间的总线通常是未加密的，容易被监听，通过总线嗅探器自由读取和捕获加密密钥、无线电配置信息、网络认证凭据等敏感信息	无线电芯片制造商可以在硬件内部引入加密算法，以防止芯片被篡改或攻击

AMI 系统漏洞的类型	AMI 系统漏洞产生的原理或表现	应对 AMI 系统漏洞的方法
错误加密	在 AMI 基础架构中，可以轻松检测设备或数据是否加密，如果加密配置不正确，却很难检测出来，这可能会对基础设施造成严重影响。其中，错误加密包括不当重新使用密钥流数据、弱密钥导出、密钥长度不足、不安全密码模式、密码弱初始化向量、弱完整性保护等	智能电网工作人员应当采取一定措施检测加密配置是否正确，以保证加密配置的正确性和安全性
直接篡改	在 AMI 系统中，保护措施不到位，有可能导致攻击者直接篡改电表设备的数据，产生严重的威胁	智能电网工作人员应当建立预防篡改的机制，防止攻击者恶意修改安装在公共区域的电表设备或延缓攻击者对电表数据完整性的损害，需要考虑设计以下功能：一是本地篡改检测机制，即通过任何物理方式篡改电表；二是远程篡改检测机制，即通知总部有人篡改电表；三是完整性保护机制，预防修改安全密钥、电表配置等敏感信息；四是修理授权机制，即仅允许经过授权的技术人员或工程师修理电表；五是物理锁定机制，即防止未经授权人员以物理方式访问电表
电表认证缺陷	电表设备和 NAN 设备之间传递凭证的验证过程需要经过很多步骤。在这一过程中，攻击者如果冒充合法的设备，那么有可能获得关键信息以破坏加密协议	智能电网工作人员应当对电表认证过程进行测试和检测，以防止在认证交换期间出现认证相关的攻击
拒绝服务威胁	拒绝服务是禁止访问电表的常见威胁，很多条件都可以触发电表的拒绝服务，会为 AMI 系统的安全运行带来一定限制	智能电网工作人员应当探索潜在的电表拒绝服务威胁，以更好地设置触发拒绝服务的条件

AMI 系统漏洞的类型	AMI 系统漏洞产生的原理或表现	应对 AMI 系统漏洞的方法
存储的密钥和密码	根据电表设备的安全要求，AMI 系统的制造商大多在设备中添加加密、认证和完整性保护，因此在本地电表中会存储加密密钥、密码、电表派生密钥和其他安全敏感信息，为攻击者访问 NAN 提供了机会	智能电网工作人员应当采取一定措施对存储在本地电表中的密钥和密码等进行有效和重点保护
加密密钥分配	大多数无线电和电表都具备加密技术，但在密钥管理方面存在一定漏洞。例如，每个电表中都可以使用对称密钥，如果攻击者入侵其中一个电表，就可以访问 NAN 或其他电表，甚至冒充真实的电表，对 AMI 系统的安全性造成威胁，其方式有两种：一是欺骗系统更新机制以插入未经授权的证书；二是允许攻击者解密和注入加密的流量	智能电网工作人员应当采用证书、公钥基础设施或非对称密钥对密钥进行管理

第五节　利用传感器网络技术解决智能电网的加密和密钥管理问题

为有效解决智能电网的加密和密钥管理问题，智能电网工作人员可以应用传感器网络技术，对密钥进行有效管理和监督，最大限度地保护数据的安全性。

一、应用传感器网络技术进行数据加密

为有效保证 AMI 系统中的数据和客户隐私安全，对数据进行加密至关重要。与此同时，传感器网络的开发为数据加密提供了可行的思路和方案，可以有效解决智能电网的数据加密问题。

（一）传感器网络的含义

所谓传感器网络是由许多在空间上分布的自动装置组成的计算机网络，可以将其看作使用短距离、多跳通信基础设施进行通信的设备网络。

1.传感器的组成和工作过程

传感器网络系统包括传感器节点、汇聚节点和管理节点3个部分，大量的传感器节点随机部署在检测区域内部或附近，并通过自组织的方式形成网络。在这一过程中，传感器节点监测到相关数据，然后沿着其他传感器节点进行逐跳传输，经过多个传感器节点处理后由多路跳汇聚节点，最后将处理过的数据汇聚到管理节点，进而帮助用户通过管理节点对传感器网络进行配置和管理。

传感器网络中的节点尺寸有着较大的差异，有的节点尺寸大到一个鞋盒，有的节点尺寸小到一粒尘埃。同时，传感器节点的成本并不固定，主要由传感器网络的规模和传感器节点复杂度决定。

2.传感器网络的基本单元

传感器网络的基本单元包括以下4个：一是传感单元，包括传感器和数模转换功能模块；二是处理单元，包括嵌入式系统、存储器、CPU等；三是通信单元，包括无线通信模块；四是电源部分。

这4个单元模块相互协作，共同配合以收集、处理和分析数据，其作用如下：节点通过自组织方式形成无线网络，主要用来感知、采集和处理网络覆盖区域之中的特定信息，进而实现在任意地点、任意时间的信息采集和处理。

（二）数据加密的原理和机制

1.对称密钥加密

所谓对称密钥加密是发送方和接收方使用相同的密钥进行加密，其过程如下：发送方使用密钥和自己选择的加密算法将明文转化为密文，当接收方接收到相关密文后，再使用相同的密钥和解密算法将密文转为明文。

对称密钥加密在计算方面并不需要太多资源，有着简单便捷的优点。其缺点在于并不能很好地扩展，这是因为每个节点需要网络中其他节点的唯一对称密钥，以便两个节点之间成功加密数据。

2.非对称密钥加密

所谓非对称密钥加密是每个通信节点使用唯一密钥对（分为公共的和私

有两种），即发送方发送的数据信息只能由目标接收方进行解密，其中节点的公钥用于发送方对数据进行加密，节点的私钥则对该节点是已知的，仅能由接收方进行解密。

非对称密钥加密具有良好的加密效果，可以很好地保护数据的安全，具有更好的扩展性，其缺点在于需要更多的计算资源，且使用非对称密钥计算的算法更适用于硬件设计。

如果设备的资源有限，可以优先考虑对称密钥加密系统，使用这种加密机制进行加密，同样可以有效地保护数据的安全。

二、加密密钥的建立和管理

在任何安全措施中，无论是加密还是认证机制都需要建立密钥，这是安全措施的关键和前提。在进行安全数据交换前，需要由节点建立加密算法使用的密钥。

（一）密钥的建立

为了达到认证和加密的目的，发送者需要计算每个数据包的信息认证码并附加到该信息。在这一过程中，加密算法和信息认证码需要加密密钥作为输入，因此，建立加密密钥是信息加密的第一步，可以采取以下方法建立密钥：

1. 使用全网密钥进行加密和解密

在分布式网络中，可以使用全网密钥进行加密和解密，即每个节点都使用相同的密钥进行加密和解密，这是设置对称密钥最简单的办法。

采用这种建立密钥的方法，尽管可以确保数据的完整性和隐私，但由于传感器节点众多且无人值守，容易受到攻击和损害，也不是最佳的解决方案。

2. 节点预加载成对的对称密钥

网络中的传感器节点可以预加载成对的对称密钥，以确保传输数据的完整性和隐私性，这是建立对称密钥的常用方法之一。

采用这种建立密钥的方法，可以有效地降低节点受到损害的概率，但随着网络规模的增加，传感器预加载的对称密钥数量受到限制，数据可能会不可接收，容易造成节点障碍，并增加密钥交换过程中的通信成本。因此，智能电网工作人员需要根据具体情况做出科学合理的选择。

（二）密钥的管理

所谓密钥管理是指创建、分配，以及管理加密密钥的过程，是智能电网安全设计中很有挑战性的方面。

在大型网络中，管理对称密钥的创建和分配具有一定难度，对称密钥加密系统取决于密钥创建和分配的集中权限。然而，由于智能电网缺乏集中控制，这种方法并不能实现有效管理。

针对传感器网络密钥管理问题，主要采取将过程一分为二的方法：一是密钥预分配阶段，即在部署网络之前，在每个传感器节点中加载初始密钥材料，以消除对密钥分配接收器的依赖；二是密钥协商阶段，即网络部署完成之后，传感器节点之间进行通信，并根据所使用的算法建立成对的对称密钥或非对称密钥。其中，相邻节点根据密钥环的大小能够以一定的概率共享至少一个密钥，有利于内存资源的扩展。

当然，还可以使用密钥分配的确定性方法进行密钥的管理和分配，其原理如下：非随机定义全局密钥池和每个传感器节点的密钥分配，进而增加相邻节点的密钥连接，并使用基于位置的密钥分配系统以优化—跳密钥连接。

综上所述，在密钥建立和管理过程中，智能电网工作人员可以采用传感器网络技术以保证电网数据的安全。

三、链路层的安全框架

传感器网络的研究重点除了密钥建立和管理过程，还包括对安全路由和链路层安全的建设。

链路层安全性和传感器网络功能相互配合使用，如传感器网络数据收集和处理功能可以有效保障智能电网链路层的安全，每个中间节点可以对收集的数据进行处理和聚合，在避免不必要传输的同时，提高数据的安全性。

同时，端到端安全解决方案可能会遭到某些拒绝服务攻击，通过早期在网络中的恶意数据包注入的链路层安全架构可以有效地防止和避免上述问题，为智能电网安全提供新的思路和方案。

参考文献

補文李冬

[1] 戈埃尔，洪源，克洛扎，等．智能电网安全 [M]．程乐，刘曙光，裴佳敏，译．北京：中国民主法制出版社，2019.

[2] 弗里克，莫尔豪斯．智能电网安全：下一代电网安全 [M]．徐震，于爱民，刘韧，译．北京：国防工业出版社，2013.

[3] 张建宁，吕庆国，鲍学良．智能电网与电力安全 [M]．汕头：汕头大学出版社，2019.

[4] KNAPP E D, SAMANI R. 应用网络安全与智能电网：现代电力基础设施的安全控制 [M]．宁文元，王刚，徐小天，等译．北京：国防工业出版社，2015.

[5] 肖杨．智能电网的安全与隐私 [M]．李祎雯，译．北京：机械工业出版社，2018.

[6] 瑟雷伯，埃科尔斯．智能电网的安全：新型电网安全性全面解决方案 [M]．刘凤魁，肖俊，刘文星，译．北京：机械工业出版社，2015.

[7] 王正风，许勇，鲍伟．智能电网安全经济运行实用技术 [M]．北京：中国水利水电出版社，2011.

[8] 翟龙，谭滨．智能电网与电力安全 [M]．北京：九州出版社，2017.

[9] 肖猛．智能电网与电力安全 [M]．延吉：延边大学出版社，2017.

[10] 杨云，吴文勤，张曦，等．智能电网工控安全及其防护技术 [M]．北京：科学出版社，2018.

[11] 陈祖斌．智能电网信息安全防护体系 [M]．桂林：广西师范大学出版社，2015.

[12] 丁道齐．复杂大电网安全性分析：智能电网的概念与实现 [M]．北京：中国电力出版社，2010.

[13] 艾芊，郑志宇．分布式发电与智能电网 [M]．上海：上海交通大学出版社，2013.

[14] National Institute of Standards and Technology. 美国国家标准和技术研究院（NIST）7628 号报告：智能电网信息安全指南：第 1 卷：智能电网信息安全战略架构和高层要求 [M]．中国电力科学研究院，译．北京：中国电力出版社，2013.

[15] 张明，沈明辉 . 电网系统与供电 [M]. 南京：东南大学出版社， 2014.

[16] 李琦芬，刘华珍，杨涌文，等 . 智能电网：智慧互联的 "电力大白" [M]. 上海：上海科学普及出版社， 2018.

[17] 李颖，张雪莹，张跃 . 智能电网配电及用电技术解析 [M]. 北京：文化发展出版社， 2019.

[18] 李立涅，郭剑波，饶宏 . 智能电网与能源网融合技术 [M]. 北京：机械工业出版社， 2018.

[19] 王金鹏 . 智能电网中电力电子技术的研究与应用 [M]. 成都：电子科技大学出版社 ,2018.

[20] 施泉生 . 面向智能电网的需求响应及其电价研究 [M]. 上海：上海财经大学出版社， 2014.

[21] 蔡旭，李征 . 区域智能电网技术 [M]. 上海：上海交通大学出版社 ,2018.

[22] 邱欣杰 . 智能电网与电力大数据研究 [M]. 合肥：中国科学技术大学出版社，2020.

[23] 佐藤拓郎，卡门，段斌，等 . 智能电网标准：规范、需求与技术 [M]. 周振宇，许晨，伍军，译 . 北京：机械工业出版社， 2020.

[24] 中国智能城市建设与推进战略研究项目组 . 中国智能电网与智能能源网发展战略研究 [M]. 杭州：浙江大学出版社， 2016.

[25] 乔林，刘颖，刘为 . 智能电网技术 [M]. 长春：吉林科学技术出版社， 2021.

[26] 布什 . 智能电网通信：使电网智能化成为可能 [M]. 李中伟，程丽，金显吉，等译 . 北京：机械工业出版社， 2019.

[27] 张晶，王伟，李彬 . 智能电网 200 问 [M].2 版 . 北京：中国电力出版社，2020.

[28] 白晓民，张东霞 . 智能电网技术标准 [M]. 北京：科学出版社， 2018.

[29] 任大江 . 智能电网与变电技术 [M]. 北京：九州出版社， 2018.

[30] 印纽斯基 . 智能电网的基础设施与并网方案 [M]. 陈光宇，张仰飞，何健，等译 . 北京：机械工业出版社， 2019.

[31] 岳涵，王艳辉，赵明 . 电力系统工程与智能电网技术 [M]. 北京：中国原子能出版社， 2020.

[32] 贾飞，张彤，宋柯 . 机电一体化工程与智能电网 [M]. 汕头：汕头大学出版社，2021.

[33] 杜蜀薇，赵东艳，杜新纲，等．智能电网芯片技术及应用 [M]. 北京：中国电力出版社，2019.

[34] 李含霜．智能电网技术与应用研究 [M]. 北京：中国财富出版社，2019.

[35] 宋景慧，胡春潮，张超树，等．智能电网信息化平台建设 [M]. 北京：中国电力出版社，2021.

[36] 陈允鹏，黄晓莉，杜忠明，等．能源转型与智能电网 [M]. 北京：中国电力出版社，2017.

[37] 曾宪武，包淑萍．物联网与智能电网关键技术 [M]. 北京：化学工业出版社，2020.

[38] 李强，潘毅．智能电网调度技术 [M]. 北京：中国电力出版社，2017.

[39] 陈亚洲，蒋坤，闫东峰．智能电网的春天 [M]. 延吉：延边大学出版社，2017.

[40] 徐先勇．智能电网电能计量及管理 [M]. 北京：中国电力出版社，2018.

[41] 刘才进，朱更辉，郝剑．智能电网与发输变电 [M]. 北京：文化发展出版社，2018.

[42] 王轶，李广伟，孙伟军．电力系统自动化与智能电网 [M]. 长春：吉林科学技术出版社，2020.

[43] 余贻鑫．智能电网基本理念与关键技术 [M]. 北京：科学出版社，2019.

[44] 李琦芬，刘晓婧，杨涌文，等．智能电网：无处不在的"电力界天网" [M]. 上海：上海科学普及出版社，2019.

[45] 张志强，王海宝，周文涛，等．基于身份认证的智能电网安全防护技术 [J]. 太赫兹科学与电子信息学报，2021，19（2）：330–333.

[46] 许志鸿，许世兴，梁星．智能电网发展探究 [J]. 南方农机，2020，51（2）：182.

[47] 才秀敏．推进智能电网发展 [J]. 电器工业，2020（6）：1.

[48] 苏建民．智能电网的变电运行分析 [J]. 大众标准化，2022（2）：84–86.

[49] 周昕芸，王嫣琳．智能电网发现现状及应用 [J]. 数码设计，2021（5）：121.

[50] 黄琬舒．智能电网的系统规划分析 [J]. 集成电路应用，2021，38（12）：194–195.

[51] 李立达．中国智能电网的发展与未来 [J]. 魅力中国，2021（49）：368–369.

[52] 张瑶，王傲寒，张宏.中国智能电网发展综述 [J].电力系统保护与控制，2021，49（5）：180-187.

[53] 陈敏俊.智能电网及其维护 [J].建筑工程技术与设计，2019（28）：40-71.

[54] 林康，陈知泽.智能电网的研究和分析 [J].石油石化物资采购，2019（30）：68.

[55] 杨兴民.智能电网电力设计探讨 [J].百科论坛电子杂志，2020（6）：16-43.

[56] 杨晓娜.智能电网调度关键技术 [J].百科论坛电子杂志，2020（7）：14-64.

[57] 顾伟，沈剑，任勇军.基于智能电网的安全密钥共享算法 [J].网络与信息安全学报，2021，7（4）：141-146.

[58] 汪亚霖.刍议物联网的智能电网安全问题 [J].今日自动化，2019（3）：68-69.

[59] 董冰.智能电网安全运营的问题及对策 [J].建筑工程技术与设计，2019（22）：18-58.